5G, Riscaldamento Climatico, Alta Velocità

Come Politica E Media Influenzano La Scienza

Achille De Tommaso

Copyright © 2012 Achille De Tommaso 2021
Propirtà letteraria riservata
Memorizzazione, riproduzione e traduzione anche parziali
vietate senza autorizzazione dell'autore
Codice ISBN: 9798580389363
Casa editrice: Independently published

Dedico questo libro a mia moglie Liliana e alle mie figlie
Angela e Paola

INDICE

PREFAZIONE p.9

INTRODUZIONE p.11

CAPITOLO I p.13

LA NON OGGETTIVITA' DELL'OPINIONE SCIENTIFICA ODIERNA

1. come viene data autorevolezza scientifica ai ricercatori: il processo di revisione tra pari (la peer review) p.14
2. come la politica e l'essere donna ha influenzato la scienza; e come a una donna che scoprì la fissione nucleare, fu negato il premio nobel. p.19

CAPITOLO II p. 27

IL 5G: SU BASI SCIENTIFICHE, UNO STUOLO DI SCIENZIATI E RICERCATORI, RITIENE CHE I RISCHI SIANO CONSIDEREVOLI PER LA SALUTE. MA LE LORO EVIDENZE NON SONO PRESE IN CONSIDERAZIONE.

1. rischio tumori dal 5g. i telefoni cellulari e la tecnologia wireless non diventino il prossimo amianto! p.29
2. col 5g saremo irradiati anche da onde

elettromagnetiche provenienti da 20.000 satelliti p.39
3. danni biologici da 5g: effetto termico, principio di precauzione e conflitti di interesse p.52
4. corsa al 5g: gara olimpica o incontro di calcetto? p.68
5. perché la ricerca 6g inizia prima di avere il 5g p.75
6. gli studi sui danni da radiazioni 5g sono stati influenzati dalle industrie p. 80

CAPITOLO III p.86

RISCALDAMENTO GLOBALE ED ENERGIE ALTERNATIVE

1. "climategate", il più grande scandalo scientifico della storia p.87
2. scienza del clima e "consenso": come distinguere l'autorevolezza dal conflitto di interesse p.98
3. il riscaldamento globale non è causato dalla CO_2.; cosi' afferma un autorevole studio p.107
4. il riscaldamento globale non è causato dagli esseri umani"afferma una sperimentazione con una rete neurale p.110
5. riscaldamento climatico: qualcuno ci prende in giro! p.112
6. l'inquinamento delle auto elettriche: avremo aria pulita in cambio di acqua sporca? p.121
7. le auto elettriche metteranno in ginocchio la rete elettrica? p.128

CAPITOLO IV p.137

TRENI ALTA VELOCITA': GIOIE E DOLORI

1. l' "alta velocità" in Europa: un mosaico di inefficienza tecnica e di costi p.138
2. i treni ad alta velocità stanno uccidendo la rete ferroviaria europea? (riferimenti dopo il para. 4) p.148
3. i treni ad alta velocita' sostituiranno gli aerei? p.155
4. il rifiuto dell'alta velocità e contro il progresso? p.163

CAPITOLO V p.169

COME POLITICA E MEDIA INFLUENZANO SCIENZA E TECNOLOGIA

1. ci sono incendi di destra e incendi di sinistra? p.171
2. Techlash: i social media sono orientati a sinistra p.181
3. disturbi dei media: la apparente prossimità ideologica dei cittadini e dei giornalisti p.187
4. i docenti universitari sono quasi tutti di sinistra? p.195

CAPITOLO VI p.201

LA POLITICA CONTINUERA' A INFLUENZARE LA SCIENZA?

1. ripensare il rapporto tra politica e scienza e tra

cultura e tecnologia p.203
2. Entropia: il paradosso dell'ordine che è contro l'evoluzione p.206

RINGRAZIAMENTI

Desidero ringraziare gli editori di NEL FUTURO, KEY4BIZ e AGENDA DIGITALE che, nel corso degli anni, hanno pubblicato miei articoli da cui sono tratti alcuni paragrafi di questo libro.

PREFAZIONE

Nel giugno 2005 l'Italia indisse un referendum sull'abrogazione della legge sulla fecondazione medicalmente assistita (Legge 40/2004), che limita l'accesso alla riproduzione artificiale alle coppie infertili e vietava la donazione di gameti. Il referendum fu invalidato e la legge rimase, lì per lì, invariata. La legge prevedeva una serie di «paletti» che, però, nel corso degli anni, sono stati modificati o eliminati a colpi di sentenze. Quanto accaduto in Italia mostra che alcuni perversi meccanismi socioculturali e politici hanno diffuso la visione assurda e antistorica che i progressi scientifici e tecnologici minacciano la democrazia e la libertà personale. (Gilberto Corbellini - Scientists, bioethics and democracy: "The Italian case and its meanings" July 2007 Journal of Medical Ethics)

In effetti la seconda metà del XX secolo ha visto il rapporto tra società, politica e scienza diventare sempre più complesso e controverso. In particolare nei paesi democratici - dove l'applicazione della ricerca scientifica e la diffusione della conoscenza hanno contribuito a un aumento significativo del benessere dei cittadini - gli scienziati hanno dovuto affrontare le interferenze di gruppi di interesse politici, religiosi e ideologici. Questa "infezione della scienza", come è stata definita da alcuni, è stata caratterizzata da ingerenze politiche inappropriate nella ricerca, guidata da pregiudizi politici e argomenti religiosi, specialmente nei campi di ricerca più controversi.

La scienza italiana si è spesso trovata invischiata in controversie politiche. Dopo l'unificazione del Paese nel 1861, negli ultimi due decenni dell'Ottocento e nel primo decennio del Novecento, gli scienziati italiani hanno partecipato attivamente ai dibattiti politici su come migliorare e integrare i frammenti della società, cultura, economia, salute e così via. Ma fin dall'inizio, hanno talvolta confuso le battaglie politiche con il loro status professionale e/o disaccordi scientifici.

I politici, gli intellettuali influenti, e i lobbisti, si oppongono spesso alla ricerca e all'innovazione per vari motivi, che approfondiremo in seguito: piuttosto che confrontarsi direttamente con le prove scientifiche, cercano di mantenere un alto grado di controllo politico sulla ricerca scientifica e sulle sue applicazioni. Di conseguenza, la validità delle prove scientifiche diventa talvolta facoltativa, e il suo uso arbitrario nelle discussioni pubbliche e politiche.

E i media ?

Dato l'enorme potere dei media di stabilire l'ordine del giorno per la discussione pubblica, le prospettive ideologiche e politiche di coloro che possiedono i mezzi di comunicazione hanno una notevole importanza per la natura della democrazia e della politica pubblica di una nazione. Anche l'equilibrio ideologico nell'ecosistema dei media, tra i proprietari dei mezzi di comunicazione, richiede una notevole attenzione. La capacità dei media di influenzare potentemente la nostra conversazione nazionale suggerisce, oggi, anche profonde implicazioni dei "social media", soprattutto nel coinvolgimento su "fake news".

INTRODUZIONE

CIRCA LA QUESTIONE CLIMATICA: SE NON STIAMO AGENDO NON È A CAUSA DI UNA MANCANZA DI CONOSCENZA, MA A CAUSA DELL'ASSENZA DI MODI PER FAR SÌ CHE TALE CONOSCENZA VENGA ASSORBITA, INCORPORATA, ACCETTATA, REALIZZATA E METABOLIZZATA DALLA MAGGIOR PARTE DEI CITTADINI
  (BRUNO LATOUR)

I campi della comunicazione politica in generale, e degli effetti mediatici in particolare sono ampi, profondi, metodologicamente sofisticati e centrali per le scienze e le tecnologie.

Essi coprono la persuasione, la definizione dell'agenda politica, la formazione degli atteggiamenti del pubblico verso il privato, la diffusione dell'opinione pubblica, il controllo delle informazioni,, la definizione dei problemi che emergono; e numerosi altri argomenti.

Un buon esempio di come media e politica possano pilotare scienza e tecnologia è dato da 5G, con le controverse argomentazioni politiche circa la sicurezza dei dati e la possibile causa di tumori. E poi la questione climatica: "Il riscaldamento è causato dalla CO_2? E l'aumento della CO_2 è causato dall'uomo? E l'Alta Velocità dei treni? Questi treni portano solo solo grandi benefici? Non c'è consenso; e talvolta il consenso è sospetto. Come vedremo, la politica dice si e no, i tecnici dicono si e no, gli economisti dicono "no, però".

E in particolare, a proposito dei media, illustrerò in questo libro la diffusa focalizzazione politica degli stessi; che li fa tendere, spesso, a dire la verità, ma non necessariamente tutta quella che sarebbe proponibile.

I temi tecnico-scientifici sono sempre ripresi da politica e media; in grado di formare e forzare una forte opinione pubblica e di pilotare, quindi, l'agenda politica. Darò di ciò anche qualche esempio storico; come quello della scienziata Lisa Meitner, cui fu negato il Nobel per ragioni politiche. E forse anche perché era donna.

Ma prima di trattarli, indugerò a descrivere il processo di validazione scientifica a mezzo pubblicazioni che adottano la revisione tra pari (peer review); che, oggi, in un'epoca di alta complessità dei temi trattati, è considerato il metodo più adatto per la ricerca di una verità scientifica; e per dare autorevolezza ai lavori conseguenti. Con il problema che, essendo questo processo gestito da esseri umani, come vedremo, non è esente da errori, e, al limite, da manipolazioni.

E da ultimo tratterò in maniera scientifica, fisica, questa "confusione"; facendomi aiutare da uno dei fondametali principi fisici dell'Universo: l'ENTROPIA. Il principio secondo cui andiamo, ed andremo sempre, verso stadi di sempre maggiore confusione. La confusione è parte dell'Evoluzione; l'Ordine pare di no.

CAPITOLO I

LA NON OGGETTIVITA' DELL'OPINIONE SCIENTIFICA ODIERNA

QUALSIASI INFORMAZIONE TECNICO-SCIENTIFICA RELATIVA ALLE CONDIZIONI FUTURE DEI SISTEMI NATURALI E SOCIALI PRESENTA INCERTEZZE DI CUI I CITTADINI DOVREBBERO ESSERE CONSAPEVOLI. ALCUNE DELLE PRINCIPALI FONTI DI INCERTEZZA (AD ESEMPIO) RELATIVE AGLI IMPATTI DEI CAMBIAMENTI CLIMATICI E ALL'ADATTAMENTO INCLUDONO (EEA 2017):

a. *Errori di misurazione derivanti da strumenti di osservazione imperfetti*

b. *Errori di aggregazione derivanti da una copertura di dati temporali e/o spaziali incompleta;*

c. *Variabilità naturale risultante da processi naturali imprevedibili*

d. *Limitazioni del modello derivanti dalla risoluzione limitata dei modelli, una comprensione incompleta dei singoli componenti del sistema Terra. una comprensione incompleta del sistema ambientale o sociale in esame.*

e. *Lo sviluppo futuro di fattori socioeconomici, demografici, tecnologici e ambientali.*

f. *I futuri cambiamenti nelle preferenze sociali e nelle priorità.*

1. COME VIENE DATA AUTOREVOLEZZA SCIENTIFICA AI RICERCATORI: IL PROCESSO DI REVISIONE TRA PARI (LA PEER REVIEW)

La scienza odierna valida le proprie teorie a mezzo di processi di "condivisione". In un successivo paragrafo ("Scienza del clima e consenso", Cap.III-para 2.) approfondirò meglio alcune conseguenze negative dei processi di "condivisione" nella Scienza. In questo paragrafo illustro, invece, in maniera puramente tecnica, un esempio di questi processi. Desidero comunque, qui, introdurre però il concetto di un doveroso pensiero di sorpresa di fronte a una "Scienza che si esprime per condivisioni". Parrebbe infatti, in linea di principio, che questo processo rappresenti un certo rinunciare, da parte della Scienza, ad esprimere dati oggettivi. Quasi una ricerca da parte dello scienziato, di chiedere conferma di essere nel giusto. Come a voler dire:" siamo in tanti a pensarla così, quindi questa mia opinione deve essere vera". Siamo consci che, Galilei, quando osò condividere le sue opinioni con la comunità scientifica dell'epoca fu minacciato di morte se non avesse abiurato: eppure, nonostante le critiche possibili, il processo di condivisione è comunque considerato il più valido e rigoroso per la validazione di teorie scientifiche.

Oggi è proprio così: i processi di comunicazione e approvazione di dati sperimentali, o opinioni scientifiche, per poter essere considerati autorevoli, sono di norma pubblicati su riviste scientifiche; e, prima di essere pubblicati, devono essere sottoposti ad un processo di critica accurata, che coinvolge parte (e spesso gran parte) della comunità scientifica interessata. Ovviamente ci sono dei vantaggi nell'uso di questo processo.

Questo processo viene comunemente denominato PEER REVIEW; tradotto in italiano in REVISIONE TRA PARI.

In seguito, nel para. 2. del Cap.III, mi soffermerò a valutare alcuni aspetti di questo processo di revisione; considerando come, talvolta, esso possa essere manipolato per scopi non puramente scientifici.

Qui di seguito, illustro sommariamente le fasi di un esempio di questo processo, per mostrare quanto complesso esso sia; e suggestivo di affidabilità, vista la rigorosità con cui, in linea di principio, viene applicato. Peccato che sia gestito da esseri umani, che, come sappiamo, non sono indenni da "imperfezioni".

Il processo di una rivista scientifica che ho preso in esame si suddivide in varie fasi:

Presentazione del manoscritto originale e incarico di redazione

I manoscritti originali sono inviati elettronicamente e assegnati a un coeditore che copre le aree tematiche pertinenti della rivista scientifica.

Revisione dell'accesso

Al coeditore viene chiesto di valutare se il manoscritto rientri nell'ambito di applicazione della rivista e se soddisfi una qualità scientifica di base. Se necessario, i coeditori possono chiedere supporto ad arbitri indipendenti di loro scelta. Possono suggerire anche correzioni tecniche (errori di battitura, chiarimento dei dati, grafici ecc.). Ulteriori richieste di revisione dei contenuti scientifici non sono consentite in questa fase del processo di revisione, ma verranno ad essere espresse nella discussione interattiva che segue.

Correzioni tecniche

Gli autori hanno l'opportunità di eseguire correzioni tecniche, che possono essere riviste dal coeditore per verificare le correzioni richieste e prevenire ulteriori revisioni, che non sono consentite in questa fase.

Discussione aperta (8 settimane circa). E' il cuore del processo.

Dopo l'accettazione del manoscritto per la revisione pubblica tra pari, esso appare come documento di discussione. La fase di discussione rappresenta un'opportunità unica per tutti gli interessati, per impegnarsi in un processo riflessivo iterativo e di sviluppo dei concetti esposti. Durante questa fase, commenti interattivi vengono esposti e pubblicati da arbitri designati e da tutti i membri interessati della comunità scientifica. Tutti i partecipanti sono incoraggiati a stimolare ulteriori opinioni, o, semplicemente, a difendere la propria posizione. Questo processo di ottimizzazione viene offerto per massimizzare l'impatto dell'articolo. Normalmente, ogni documento di discussione riceve almeno due commenti di arbitri. Gli autori sono invitati a svolgere un ruolo attivo nel dibattito, pubblicando i loro commenti come risposta ai commenti degli arbitri e a quelli della comunità scientifica; in maniera rapida, al fine di stimolare ulteriori discussioni da parte degli scienziati interessati.

Risposta finale

Dopo la discussione aperta, gli autori dovrebbero pubblicare una risposta a tutti i commenti entro circa 4 settimane; nel caso in cui non lo abbiano fatto durante la discussione aperta. Il co-editore può anche pubblicare ulteriori suoi commenti o raccomandazioni. Normalmente, tuttavia, le raccomandazioni e le decisioni editoriali formali devono essere prese solo dopo che gli autori hanno avuto l'opportunità di rispondere a tutti i commenti; se ne hanno bisogno, possono richiedere una consulenza editoriale prima di rispondere.

Presentazione del manoscritto revisionato

La presentazione di un manoscritto revisionato secondo il processo illustrato, è prevista solo se gli autori hanno affrontato in modo soddisfacente tutti i commenti e se il manoscritto rivisto soddisfa gli standard di qualità della rivista. In caso di dubbio, gli autori devono consultare il coeditore (se ad esempio nutrono dubbi circa la presentazione del manoscritto revisionato).

Completamento della revisione tra pari

Dopo la revisione tra pari e la discussione pubblica interattiva, l'editore può ancora accettare o rifiutare la pubblicazione del manoscritto revisionato; allo scopo può di nuovo consultare gli arbitri: come durante il completamento del processo di revisione tra pari. Se necessario, possono essere richieste ulteriori revisioni fino al raggiungimento di una decisione finale in merito all'accettazione, o al rifiuto.

Pubblicazione del documento finale rivisto

In caso di accettazione, il documento finale viene pubblicato in maniera cartacea e/o sul sito web della rivista. Assieme al manoscritto vengono inoltre pubblicati tutti i rapporti e commenti degli arbitri e dei coeditori, le risposte degli autori, nonché le diverse versioni manoscritte del completamento della revisione tra pari. Tutte le pubblicazioni (documento di discussione, commenti interattivi, documento finale rivisto) sono archiviate in modo permanente e rimangono accessibili al pubblico via Internet; e anche i documenti finali revisionati sono disponibili come copie stampate oppure elettroniche.

Anche dopo la pubblicazione é incoraggiata la presentazione di commenti e risposte che continuino la discussione dell'articolo; anche oltre i limiti della discussione interattiva, che ha portato alla pubblicazione. Tali commenti sono essi stessi sottoposti a peer review e pubblicazione, con lo stesso processo sopra descritto: dopo la pubblicazione dell'articolo, possono anche essere essi stessi pubblicati se sufficientemente sostanziali.

Se un manoscritto non è accettato per la pubblicazione, gli autori hanno poi diverse opzioni per ricorrere contro la decisione.

E' da notarsi che, assieme al testo dell'autore, in genere, vengono anche pubblicati i commenti di autori, arbitri, coeditore e comunità scientifica.

Tutti i commenti sono citabili, impaginati e archiviati.

Vi ho mostrato un esempio di panoramica su come la comunità scientifica attribuisce di norma autorevolezza agli scienziati. E sulla base di questa autorevolezza, si concedono finanziamenti, cattedre, posizioni di vertice in aziende pubbliche, e così via.

2. COME LA POLITICA E L'ESSERE DONNA HA INFLUENZATO LA SCIENZA; E COME A UNA DONNA CHE SCOPRÌ LA FISSIONE NUCLEARE, FU NEGATO IL PREMIO NOBEL.

"Nessuna donna dovrebbe dire: 'Io sono solo una donna!' Ma dovrebbe dire: "sono una donna! Cosa si può chiedere di più?" (Maria Mitchell – pioniera delle donne astronome).

Nell'autunno del 1946, una bambina sudafricana che aspirava a diventare una scienziata scrisse a Einstein e concluse la sua lettera con imbarazzo: "Spero che lei non mi sottovaluti semplicemente perché sono una ragazza!" Einstein rispose con parole di rassicurante saggezza, che risuonano tali anche oggi: "Non mi dispiace che tu sia una ragazza, ma la cosa principale è che tu stessa non ti dispiaccia per questo. Non c'è motivo per dispiacersi".

Eppure le ragioni non sempre provengono dalla ragione. La storia della scienza, come la storia del mondo stesso, è la storia di irragionevoli asimmetrie di potere, le cui conseguenze repressive hanno significato che le relativamente poche donne, che sono salite in cima a molti campi, non solo scientifici, ci sono riuscite per merito esclusivamente della loro abilità e tenacia.

Tra le donne pionieristiche più eccezionali, e ancora oggi sottovalutate (infatti poco conosciuta), c'è la fisica austriaca Lise Meitner (7 novembre 1878 - 27 ottobre 1968), che guidò la squadra che scoprì la fissione nucleare, ma fu esclusa dal Premio Nobel per questa scoperta.

Questa minuscola donna ebrea, che si era salvata la vita dai nazisti, fu definita da Einstein come la Marie Curie del mondo di lingua tedesca.

Anche se la Meitner dimostrava un dono per la matematica fin dalla tenera età, c'era poca correlazione tra attitudine e opportunità per le donne nell'Europa del XIX secolo. Alla fine della sua lunga vita, avrebbe raccontato, non amaramente, ma malinconicamente: "Ripensando al tempo della mia giovinezza, mi rendo conto con un certo stupore di quanti problemi esistessero allora nella vita delle normali giovani ragazze, problemi che oggi sembrano quasi inimmaginabili. Tra i più difficili di questi problemi c'era l'impossibilità di un normale addestramento intellettuale".

Quando le università austriache iniziarono ad ammettere le donne nel 1901, Lise ne ottenne la certificazione per l'ammissione all'età di ventitré anni; dopo aver compresso, in venti mesi, otto anni di logica, letteratura, matematica, greco, latino, botanica, zoologia e fisica; studi appunto necessari per sostenere l'esame di ammissione. Ricevette il suo dottorato di ricerca nel 1905: a quei tempi era una delle poche donne al mondo ad aver conseguito un dottorato in fisica.

Ma quando la 29enne Meitner si recò a Berlino, sperando di studiare con il grande Max Planck, le università tedesche avevano ancora le porte ben chiuse alle donne; e dovette chiedere un permesso speciale per partecipare alle lezioni di Planck.

Nell'autunno del 1907, conobbe Otto Hahn, un chimico tedesco di quattro mesi più giovane, interessato alla radioattività e che, in linea di principio, non si opponeva al lavoro con le donne. Però alle donne era proibito entrare, e tanto meno lavorare, presso l'Istituto Chimico di Berlino; quindi, per collaborare, Meitner e Hahn dovevano lavorare in una vecchia falegnameria trasformata in un laboratorio nel seminterrato dell'edificio.

I due scienziati colmarono le lacune reciproche con le rispettive attitudini: la Meitner, addestrata in fisica, era una brillante matematica, che pensava concettualmente e poteva progettare e costruire esperimenti altamente originali per testare le sue idee; Hahn, addestrato in chimica, eccelleva in un accurato lavoro di laboratorio. Nel corso dei trent'anni di collaborazione, Meitner e Hahn emersero come pionieri nello studio della radioattività. Alla fine, Meitner ottenne l'indipendenza da Hahn; e pubblicò cinquantasei articoli da sola tra il 1921 e il 1934.

Ma mentre la sua carriera stava decollando, i nazisti iniziarono ad occupare l'Europa. Il terzo collaboratore di Meitner e Hahn, uno scienziato junior di nome Fritz Strassmann, si era già messo nei guai per essersi rifiutato di unirsi alle organizzazioni naziste. Nel 1938, proprio mentre i tre scienziati stavano eseguendo i loro esperimenti più visionari, le truppe naziste marciarono in Austria; Meitner si rifiutò di nascondere la sua eredità ebraica; e la sua unica opzione doveva essere quella di andarsene, ma i nazisti avevano già messo in atto leggi antisemite che vietavano ai professori universitari di uscire dal paese. Il 13 luglio, con l'aiuto di Hahn e di alcuni altri amici scienziati, Meitner fuggì comunque attraverso il confine olandese. Dall'Olanda, emigrò in Danimarca, dove rimase col suo amico fisico Niels Bohr. Alla fine trovò una sistemazione professionale permanente presso il Nobel Institute for Physics in Svezia.

Quel novembre, Hahn e Meitner si incontrarono segretamente a Copenaghen per discutere di alcuni risultati sconcertanti ottenuti dopo aver bombardato un nucleo di un atomo di uranio (numero atomico 92) con un singolo neutrone: erano infatti finiti con l'ottenere un nucleo di radio (numero atomico 88), che appariva comportarsi chimicamente come il bario, un elemento con quasi la metà del peso atomico del radio: una trasmutazione apparentemente magica che appariva non avere senso chimico.

La Metner riuscì a dare un senso a risultati insensati: definì e descrisse la "fissione nucleare"; il termine venne usato per la prima volta nel settimo paragrafo dell'articolo che venne pubblicato il mese successivo. L'idea che un nucleo potesse dividersi e trasformare l'atomo in un altro elemento era rivoluzionaria: nessuno l'aveva mai immaginato prima. Meitner aveva fornito la prima comprensione di come e perché ciò era accaduto.

La fissione nucleare, come si sa, sarebbe diventata una delle scoperte più potenti (e pericolose) nella storia dell'umanità; un potere che ha ceduto alle nostre doppie capacità di bene e di male: era infatti fondamentale per l'invenzione dell'arma più mortale della storia umana, la bomba atomica. In effetti, più tardi nella vita, la Meitner fu crudelmente definita "la madre ebrea della bomba atomica". Ma la sua scoperta era puramente scientifica, e precedeva di molti anni questa malvagia applicazione (una volta che la vide messa in pratica a fini distruttivi, rifiutò categoricamente di lavorare sulla bomba).

Ma torniamo alla scoperta: essa era un esempio supremo di alta collaborazione nell'ottenere questi meravigliosi risultati scientifici. I risultati empirici "insensati" erano stati ottenuti da Hahn, ma il significato scientifico-matematico che ne venne tratto è opera dell'interpretazione della Meitner: essa aveva scoperto, nel senso proprio di "scoprire" qualcosa di oscuro alla vista, il principio alla base di molta della ricerca odierna sulle particelle.

Hahn che fece? Prese l'intuizione rivoluzionaria, e corse con essa a pubblicare la scoperta senza menzionare il nome della Metner. Il dubbio, come vedremo, è se le sue ragioni fossero le gelosie personali, o, molto più probabilmente, una codardia politica; che, per incensare le autorità naziste, gli suggeriva di non menzionare il nome di una ebrea (donna) come co-autrice della scoperta.

La Meitner si sentì profondamente tradita dall'ingiustizia. Scrisse a suo fratello Walter: "Sono molto scoraggiata... Hahn ha appena pubblicato cose assolutamente meravigliose basate sul nostro lavoro insieme ... questi risultati mi rendono felice per Hahn, sia personalmente che scientificamente, però molte persone penseranno che io non ho contribuito assolutamente a nulla in questa scoperta, e questo mi scoraggia.

Nel 1944, alla scoperta della fissione nucleare fu assegnato il premio Nobel per la chimica; solo a Hahn.

Sime scrive: *"La distorsione della realtà e la soppressione della memoria sono temi ricorrenti in qualsiasi studio della Germania nazista. Secondo qualsiasi normale standard di attribuzione scientifica, non ci sarebbero stati dubbi sul ruolo della Meitner nella scoperta della fissione. Perché è chiaro dai documenti pubblicati e dalla corrispondenza privata che questa è stata una scoperta alla quale Meitner ha contribuito dall'inizio alla fine; una scoperta intrinsecamente interdisciplinare che, senza dubbio, sarebbe stata molto probabilmente riconosciuta come tale, se non ci fosse stata la paura di dispiacere politicamente a qualcuno"*. Anche questa scoperta scientifica, quindi, non rimase indenne dalla politica della Germania nel 1938. Le stesse politiche razziali che portarono la Meitner fuori dalla Germania, le resero impossibile far parte della pubblicazione di Hahn; e pericoloso per Hahn riconoscere i loro continui legami. Alcune settimane dopo la scoperta, Hahn la rivendicò infatti solo per chimica; in poco tempo, represse e negò non solo la sua collaborazione nascosta con un "non ariano" in esilio, ma anche il valore di quasi tutto ciò che aveva fatto prima. Era autoinganno, provocato dalla paura.

La Meitner era comunque una grande scienziata, e ricevette innumerevoli riconoscimenti durante la sua vita; ebbe persino un elemento chimico, il Meitnerium, denominato con il suo nome, in maniera postuma; ma la fosca luce su questo Nobel non fu mai corretta. E la Meitner ne rimase fortemente abbattuta:

Sime scrive: "A parte alcune brevi dichiarazioni, Lise non fece una campagna per suo conto; non scrisse un'autobiografia, né autorizzò una biografia durante la sua vita. E non parlò quasi mai della sua emigrazione forzata, della sua carriera distrutta o delle sue amicizie interrotte. Avrebbe preferito che gli elementi essenziali della sua vita fossero ricavati dalle sue pubblicazioni scientifiche. Scienziata quale era, ha conservato i suoi dati. E la sua ricca raccolta di articoli personali, oltre al materiale d'archivio di altre fonti, fornisce le basi per una comprensione dettagliata del suo lavoro, della sua vita e del periodo eccezionalmente difficile in cui è vissuta".

Data l'eco dell'opinione interpretativa che chiamiamo storia, la posizione di Hahn fu prontamente riecheggiata dai suoi seguaci e, a sua volta, da generazioni di giornalisti e commentatori della storia della scienza. L'esclusione dal Nobel fu la più ovvia discriminazione; ma la cancellazione dell'eredità della Meitner non è finita qui. L'apparato per la fissione, ad esempio, lo strumento che ella stessa aveva costruito e usato nel suo laboratorio di Berlino per fare le sue scoperte, fu esposto al museo della scienza in Germania per trentacinque anni senza menzionare il suo nome. Poi fu corretto.

E, probabilmente, l'ostacolo a questa pubblicità non era solo che fosse ebrea; ma anche che fosse donna. Infatti questo non è l'unico caso in cui una donna sia stata esclusa da un premio Nobel per una scoperta da lei fatta o resa possibile con il suo contributo significativo: c'è, forse il più famoso, di Jocelyn Bell Burnell con la scoperta delle pulsar, quello di Vera Rubin, la cui conferma dell'esistenza della materia oscura ha fornito un grande balzo nella nostra comprensione dell'universo; e tuttavia rimane, decenni dopo, privo di un Nobel. E sono comunque parecchie le scienziate pioniere cui non sono stati attribuiti riconoscimenti di sorta.

Ma come ha scritto il fisico e romanziere Janna Levin sulle debolezze dell'acclamazione scientifica, "gli scienziati non dedicano la loro vita a un'indagine a volte solitaria, angosciante e faticosa di un universo austero, perché vogliono un premio". E La stessa Meitner, pur amareggiata, articolò lo stesso sentimento in un discorso che tenne a Vienna all'età di 75 anni: "la scienza fa sì che le persone raggiungano altruisticamente la verità e l'oggettività; insegna alle persone ad accettare la realtà, con meraviglia e ammirazione, per non parlare della gioia profonda e del timore reverenziale che l'ordine naturale delle cose porta al vero scienziato".

Meitner morì pacificamente nel sonno il 27 ottobre 1968, pochi giorni prima del suo novantesimo compleanno. Otto Robert, uno dei suoi più cari amici, scelse l'iscrizione per la sua lapide: "Lise Meitner: una fisica che non ha mai perso la sua umanità".

PS: Chi è interessato al tema discriminazione delle donne nella scienza può leggersi qualcosa di Vera Rubin, la scopritrice della materia oscura, che ci fa capire, forse meglio, come lo studio della scienza sia stato precluso alle donne. Dove? Nella nazista Germania? No, negli USA, Stato di New York! Ai primi '900? No, fino al 1975!

E come non ricordare il bellissimo film "The WIFE"? Dove il marito si prende il Nobel per la letteratura, ma è la moglie che gli ha scritto i libri. Perché, dice lei, a una donna non avrebbero mai dato il Nobel!

RIFERIMENTI

1. https://www.amazon.com/Lise-Meitner-Physics-California-Studies-ebook/dp/B008BTNGV2
2. http://www.lescienze.it/news/2016/12/28/news/vera_rubin_1928_2016-3363332/

CAPITOLO II

I RISCHI DEL 5G:
SULLA BASE DI DATI SCIENTIFICI, UNO STUOLO DI SCIENZIATI E DI RICERCATORI, RITIENE CHE I RISCHI SIANO CONSIDEREVOLI PER LA SALUTE. MA LE LORO EVIDENZE NON SONO PRESE IN CONSIDERAZIONE.

L'incertezza scientifica non è esclusiva dei tre settori che tratto in questo libro. Molti altri settori tecnico-scientifici si trovano di fronte a un'ampia gamma di incertezze nel loro lavoro. "L'incertezza è un concetto complesso che può essere descritto in più modi e la sua considerazione nel supporto decisionale si è evoluta nel tempo. Alcune descrizioni rilevanti dell'incertezza includono uno stato di conoscenza incompleta che può derivare da una mancanza di informazioni o da disaccordo su ciò che è noto o addirittura conoscibile. Può avere molti tipi di fonti, dall'imprecisione nei dati a concetti o terminologia definiti in modo ambiguo", (Refsgaard et al. 2007). O, aggiungo, da conflitti di interesse. Eppure i danni biologici da radiazioni elettromagnetiche sono comprovati ed accettati da tempo da tutta la comunità scientifica. Essi sono determinati in funzione:

    Della frequenza delle radiazioni

    Dalla distanza dalla sorgente di radiazioni

    Dal tempo di esposizione alla radiazioni

    Dalla modalità con cui le radiazioni sono emesse.

Le controversie scientifiche sul tema, come vedremo, si basano sull'interpretazione di questi quattro punti.

1. RISCHIO TUMORI DAL 5G. I TELEFONI CELLULARI E LA TECNOLOGIA WIRELESS NON DIVENTINO IL PROSSIMO AMIANTO!

> *Le radiofrequenze dei cellulari hanno altissima probabilità di essere cancerogene. Ma i "negazionisti" del rischio non affermano che non vi sia pericolo: dicono solo che non vi sono abbastanza evidenze. Ma queste evidenze, come vedremo, ci sono e sono scientificamente provate.*

Finora l'attenzione pubblica sul 5G si è concentrata soprattutto sui piani delle compagnie di telecomunicazioni per installare milioni di piccole torri cellulari su pali elettrici, su edifici pubblici e su scuole, su fermate dell'autobus, in parchi pubblici e ovunque altro.

Pochissima attenzione è stata dedicata ai possibili danni per la salute che ne riceveranno i cittadini.

Di allarmi per danni alla salute, causati da onde radio, ve ne sono stati parecchi in passato, e, in vari casi, i danneggiati hanno vinto cause nei tribunali. Ma col 5G il pericolo aumenta, e difficilmente può essere scongiurato. Ma aumenta anche il silenzio da parte di media e organizzazioni ambientaliste. Le industrie, ovviamente, negano il danno. Gli interessi in gioco sono enormi: una guerra USA-Cina (con Europa che sta a guardare), i costruttori che si preparano a produrre apparati sempre più sofisticati e lavorano agli standard; gli operatori che preparano reti e test per le comunicazioni, che coinvolgono IoT, Industry 4.0 e AI. Ultimi, ma non ultimi, i Governi, che hanno venduto profumatamente le frequenze. Il tutto basta e avanza per far tacere media e ecologisti di turno.

Le frequenze per il 5G saranno più alte di quelle per il 4G (soprattutto le millimetriche), la densità di irraggiamento di onde radio che si permetterà col il 5G si innalzerà fino a 61V/m massimi, contro i 6 V/m massimi del 4G. Le onde di lunghezza molto più breve utilizzate per il 5G (700-3700 Mhz e 26 Ghz-millimetriche) renderanno necessario installare un maggior numero di antenne, rispetto al 4G, anche se più piccole. Nelle zone urbane ci potrebbe essere una cellula circa ogni 100 metri lungo ogni strada.

Oltre all'irraggiamento da queste antenne, e dalle eventuali stazioni di terra, come vedremo nel prossimo paragrafo, vi sarà quello di migliaia di satelliti: il numero totale di satelliti che dovrebbero essere messi in orbita bassa e alta da diverse compagnie è di 20.000.

Mentre per il 4G una buona protezione da radiazioni si ottiene allontanando lo smartphone dalla testa e dagli organi riproduttivi, le onde del 5G saranno ricevute e trasmesse da nuove apparecchiature informatiche, elettrodomestici, automobili, videogames, sensori tattili, ecc. E sarà quindi difficile allontanarle dal corpo.

La comunità scientifica lancia allarmi da anni

Grande silenzio, invece, sui rischi da parte di media e "attivisti ecologici", ma grandi e ripetuti allarmi da parte degli scienziati, volti a sensibilizzare le istituzioni sui pericoli del 5G per la salute

Nel 2018, fu indetta una petizione negli USA, indirizzata all'ONU, all'OMS, all'UE, al Consiglio d'Europa e ai governi di tutte le nazioni per fermare lo sviluppo del 5G . Al 29 marzo 2019 è stata firmata da 64.000 persone, tra cui 10 scienziati di varie nazioni (1).

Ma già nel 2013, 215 scienziati provenienti da 40 paesi diversi firmarono un appello (2), rivolto all'ONU. I firmatari sono studiosi degli effetti di "radiazioni non ionizzanti" (quelle radio) sul corpo umano; la petizione chiedeva protezione internazionale dall'esposizione a campi elettromagnetici non ionizzanti, i cui effetti includono, ma non sono limitati a: "aumento del rischio di cancro, stress cellulare, danni genetici, cambiamenti del sistema riproduttivo, disturbi neurologici, eccetera ". Tutte affermazioni scientificamente circostanziate e pubblicate su letteratura scientifica; ma inascoltate. Poi, nel settembre 2017, 170 scienziati di 37 nazioni hanno ripetuto lo stesso appello (3) ; sempre inascoltato.

Mentre, poi, nel dicembre 2018, il sindaco Sala candida Milano ad essere la capitale europea del 5G, non c'è alcuna menzione sulla stampa della moratoria richiesta dai 170 scienziati nel 2017, cui faccio riferimento al link (4), e rilanciata da ISDE Italia (International Society of Doctors for Environment) al nostro Governo a settembre 2017 (5). Tutto passato sotto grande silenzio sia dalla stampa che dagli attivisti ecologici.

E sulla stampa abbiamo letto anche poco del blocco alle sperimentazioni 5G di Bruxelles il 1mo aprile 2019, con la dichiarazione della ministra belga per l'ambiente Céline Fremault : "C'è l'impossibilità di valutare le emissioni delle antenne utilizzate dagli operatori e quindi mancano informazioni tecniche e scientifiche sul comportamento dei corpi delle persone soggette a queste più elevate radiazioni; e quindi decreto il blocco alle sperimentazioni".

Interessante anche una lettera aperta del settembre 2017 (6), del dott. Martin Pall, scienziato esperto di biochimica dei campi elettromagnetici presso la Washington State University. Egli sosteneva che ci sono gravi effetti biologici e sulla salute in genere, compreso un aumento del rischio di cancro tramite mutazioni del DNA, a causa dell'esposizione a reti 5G. La lettera è interessante, anche perché sostiene che la FCC è una "agenzia lobbizzata" soggetta ai poteri e alla volontà del settore stesso che dovrebbe regolamentare. Il che ci fa dubitare in genere dell'opinione di molte istituzioni scientifiche e di regolamentazione: perché le prime sono finanziate spesso dalle aziende e le seconde sono soggette ai poteri forti.

Nel settembre 2018, il consiglio comunale di Mill Valley (2), in California, ha votato per bloccare lo sviluppo di torri 5G e cellule relative, in aree residenziali in quanto provocano "gravi effetti negativi sulla salute e sull'ambiente causati dalle radiazioni a microonde emesse da queste torri e cellule per il 4G e il 5G".

Cito a questo punto una delle poche risposte ufficiali che si leggono riguardo a queste petizioni: secondo (7) il "Centers for Disease Control and Prevention", il pericolo è sovrastimato, "Non esiste alcuna prova scientifica che fornisca una risposta definitiva a questa domanda – afferma il Centro - Sono necessarie e sono in corso ulteriori ricerche prima di sapere se l'uso dei telefoni cellulari provochi effetti sulla salute". (Quindi, non riteneva che fosse garantito che non vi siano danni; diceva solo che alcuni studi sono in corso). Da notarsi che, allo stesso link, si legge: "Gli scienziati stanno esaminando un possibile collegamento tra l'uso del telefono cellulare e alcuni tipi di tumore. Un tipo è chiamato neuroma acustico. Questo tipo di tumore cresce sul nervo che collega l'orecchio al cervello. Non causa il cancro, ma può portare ad altri problemi di salute, come la perdita dell'udito. Un altro tipo di tumore che gli scienziati stanno studiando è chiamato glioma. Questo è un tumore trovato nel cervello o nel sistema nervoso centrale del corpo".

Ma, sorpresa, sorpresa: nello stesso articolo è presente un link, che pare un aggiornamento del pensiero dell'articolista: (:https://motherboard.vice.com/en_us/article/bmvvyq/cell-phone-radiation-gave-rats-cancer-now-what) riguardo una veramente interessante ricerca condotta dal National Toxicology Program (NTP): "hanno scoperto che queste radiazioni possono provocare il cancro; ora come la mettiamo?", titola il giornalista.

Verifiche sperimentali confermano le teorie sui tumori

In effetti si è scoperto, da esperimenti condotti su ratti e topi, che le radiazioni in questione procurano tumori. Se ne dà lettura in una delle (a questo punto ennesime) petizioni, aggiornata al 1mo gennaio 2019 (8) ; dove si riassumono così i risultati degli esperimenti dell'NTP (che per inciso sono costati 25 milioni di dollari):"The National Toxicology Program (NTP) concluded in two final reports released November 1, 2018, that there is clear evidence that male rats exposed to high levels of radio frequency radiation, like that used in 2G and 3G cell phones, developed cancerous heart tumors. There was also some evidence of tumors in the brain and adrenal gland of exposed male rats."

E, nel caso qualcuno obbiettasse che oggi si parla di 5G, aggiunge: "Raccomandiamo che, in linea con i principi guida delle Nazioni Unite per i diritti delle persone e delle aziende, è necessario, che le tecnologie 5G vengano sottoposte a valutazioni indipendenti circa i danni della salute e della sicurezza prima di essere lanciate."

E anche gli scienziati italiani si sono stati attivati in merito.

Su "Il Fatto Quotidiano" del settembre 2018, si legge: "c'è attesa per le nuove linee guida sulla sicurezza per l'esposizione all'elettrosmog; depositati i risultati dell'istituto bolognese Ramazzini (9) e dell'americano National Toxicology Program; esse sono al vaglio dell'Agenzia internazionale per la ricerca sul cancro."

Ad un istituto italiano fu infatti commissionato uno studio per controverificare i risultati degli studi dell'NTP.

Cosa dice lo studio italiano ?

Come detto sopra, Il 22 marzo 2018 si è conclusa la ricerca che l'Istituto Ramazzini di Bologna, attraverso il Centro di ricerca sul cancro "Cesare Maltoni", ha condotto per studiare l'impatto dell'esposizione umana ai livelli di radiazioni a radiofrequenza prodotti da ripetitori e trasmettitori per la telefonia mobile.

Lo studio è il più grande mai realizzato su radiazioni a radiofrequenza, il "paper" relativo è disponibile online sulla rivista internazionale "peer-reviewed" Environmental Research, edita da Elsevier.

Riporto alcuni passi di questo studio:

I ricercatori dell'Istituto Ramazzini hanno riscontrato

aumenti statisticamente significativi nell'incidenza degli schwannomi maligni; tumori rari delle cellule nervose del cuore, nei ratti maschi del gruppo esposto all'intensità di campo più alta usata per gli esperimenti: 50 V/m. (per il 5G si accettano esposizioni fino a 61 V/m).

Gli studiosi italiani hanno comunque individuato un aumento dell'incidenza di altre lesioni, già riscontrate nello studio dell'NTP: l'iperplasia delle cellule di Schwann sia nei ratti maschi che femmine e gliomi maligni (tumori del cervello) anche a più bassi livelli di radiazione. Lo studio è stato condotto, infatti, anche con dosi ambientali (cioè simili a quelle che ritroviamo nel nostro ambiente di vita e di lavoro) di 5, 25 e 50 V/m: questi livelli sono stati studiati per mimare l'esposizione umana generata da ripetitori.

"L'intensità delle emissioni utilizzate per lo studio è dell'ordine di grandezza di quella delle esposizioni ambientali più comuni in Italia", tiene a sottolineare la Dott.ssa Fiorella Belpoggi, Direttrice dell'Area Ricerca dell'Istituto Ramazzini e leader dello studio.

Ripeto: da considerare che i progetti sperimentali di 5G parlano di esposizioni di intensità elettromagnetica di fino a 61V/m.

Entrambi gli studi (di Ramazzini e di NTP) hanno pertanto rilevato aumenti statisticamente significativi nello sviluppo dello stesso tipo di tumori maligni molto rari del cuore nei ratti trattati.

"Il nostro studio conferma e rafforza i risultati del National Toxicologic Program americano; non può infatti essere dovuta al caso l'osservazione di un aumento dello stesso tipo di tumori, peraltro rari, a migliaia di chilometri di distanza, in ratti dello stesso ceppo trattati con le stesse radiofrequenze. Sulla base dei risultati comuni, riteniamo quindi che l'Agenzia Internazionale per la Ricerca sul Cancro (IARC) debba rivedere la classificazione delle radiofrequenze, finora ritenute possibili agenti cancerogeni, per definirle probabili agenti cancerogeni.".

"La salute pubblica – prosegue Ramazzini - necessita di un'azione tempestiva per ridurre l'esposizione, le compagnie devono concepire tecnologie migliori, investire in formazione e ricerca, puntare su un approccio di sicurezza piuttosto che di potenza, qualità ed efficienza del segnale radio. Siamo responsabili verso le nuove generazioni e dobbiamo fare in modo che i telefoni cellulari e la tecnologia wireless non diventino il prossimo tabacco o il prossimo amianto, cioè rischi conosciuti e ignorati per decenni", conclude Belpoggi.

Da parte sua, l'Environmental Health Trust americano trae le seguenti conclusioni (10): "Questo studio di Ramazzini conferma i risultati dello studio di NTP. E' vero che lo standard 5G è nuovo e non ci sono studi che abbiano esaminato l'esposizione umana a lungo termine. Tuttavia, il corpo di ricerca che ha studiato gli effetti dall'attuale tecnologia wireless sui sistemi viventi, fornisce dati sufficienti per gli scienziati atti a giustificare la richiesta di una moratoria.

Di linee guida, quindi, ce ne sono, e sono lì da più da tempo; si può ancora dire che non ci sono evidenze scientifiche ? C'è qualche scienziato che si è preso magari la briga di confutarle non solo a parole?

No. Le parti interessate finora nello sviluppo del 5G sono state l'industria e i governi; mentre i ricercatori e gli esperti di studi di campi elettromagnetici, che hanno documentato effetti biologici su esseri viventi e sull'ambiente in migliaia di studi, sono stati per lo più esclusi.

Il motivo dell'attuale inadeguato orientamento alla sicurezza del 5G è, molto probabilmente, il conflitto di interessi degli organismi preposti.

>NOTA: Elenco dei governi e organizzazioni che hanno messo al bando o lanciato allarmi sui danni da radiazioni da telefonia cellulare http://www.cellphonetaskforce.org/governments-and-organizations-that-ban-or-warn-against-wireless-technology/

RIFERIMENTI

1. https://www.5gspaceappeal.org/the-appeal/
2. https://www.researchgate.net/publication/298533689_International_Appeal_Scientists_call_for_protection_from_non-ionizing_electromagnetic_field_exposure
3. https://www.actu-environnement.com/media/pdf/news-29640-appel-scientifiques-5g.pdf
4. https://www.isde.it/richiesta-moratoria-per-le-sperimentazioni-5g-su-tutto-il-territorio-nazionale/
5. https://drive.google.com/file/d/0B14R6QNkmaXuX19qQ2lMd3ZvRVU/view
6. https://www.cdc.gov/nceh/radiation/cell_phones._faq.html
7. https://motherboard.vice.com/en_us/article/pa8bpk/5g-wireless-rekindles-fight-over-cellular-health-risks
8. https://emfscientist.org/

9. https://www.ramazzini.org/comunicato/ripetitori-telefonia-mobile-listituto-ramazzini-comunica-gli-esiti-del-suo-studio/
10. https://ehtrust.org/scientific-research-on-5g-and-health/

2. COL 5G SAREMO IRRADIATI ANCHE DA ONDE ELETTROMAGNETICHE PROVENIENTI DA 20.000 SATELLITI

Nel precedente paragrafo ho descritto i rischi per la salute da radiazioni da 5G. Desidero qui aggiungere alcuni dettagli riguardo alle radiazioni che verranno dallo spazio e alcune informazioni circa il comportamento del governo inglese. Ho scelto il Regno Unito perché, per molti versi, questa nazione è stata un po' la culla delle telecomunicazioni.

Nel novembre del 2018, la Federal Communications Commission (FCC) degli Stati Uniti ha autorizzato la compagnia spaziale SpaceX, di proprietà dell'imprenditore Elon Musk, a lanciare una flotta di 7.518 satelliti per completare l'ambizioso programma di SpaceX di fornire servizi globali di banda larga satellitare in ogni angolo del Terra.

I satelliti opereranno ad un'altezza di circa 210 miglia e irradieranno la Terra con frequenze estremamente alte; tra 37,5 GHz e 42 GHz. Questa flotta si aggiungerà a una flotta SpaceX più piccola di 4.425 satelliti, già autorizzata all'inizio dalla FCC, che orbiterà attorno alla Terra ad un'altezza di circa 750 miglia e che è destinata a irrorarci con frequenze tra 12 GHz e 30 GHz. Si prevede quindi che il totale complessivo dei satelliti SpaceX SARà DI poco meno di 12.000.

Le nuove flotte SpaceX costituiranno un massiccio aumento del numero di satelliti nei cieli sopra di noi e un corrispondente aumento delle radiazioni che raggiungono la Terra. La flotta satellitare di SpaceX è, tuttavia, solo una delle tante che verranno lanciate nei prossimi anni, tutte allo stesso scopo: fornire servizi globali a banda larga. Altre società, tra cui Boeing, One Web e Spire Global, lanceranno ciascuna le proprie flotte più piccole, portando il numero totale di nuovi satelliti a banda larga proiettati nello spazio a circa 20.000, ognuno dedicato all'irradiazione della Terra con alte frequenze elettromagnetiche. (1).

Perché c'è questa improvvisa raffica di attività? Le nuove flotte satellitari stanno contribuendo a uno sforzo globale concertato per "potenziare l'ambiente elettromagnetico della Terra". Questo "aggiornamento" viene comunemente chiamato 5G o rete wireless di quinta generazione. Infatti è diventata consuetudine nei circoli tecnologici parlare dell'introduzione del 5G come la creazione di un nuovo "ecosistema elettronico" globale. Si tratta in effetti di geoingegneria su una scala mai tentata prima. Mentre questo viene venduto al pubblico come, ad esempio: un miglioramento della qualità dello streaming video per media e intrattenimento; per operazioni chirurgiche a distanza; per l'IOT; per le auto a guida autonoma; per Industry 4.0; ciò verso cui ci stanno dirigendo è, nella realtà, la creazione di condizioni in cui l'intelligenza elettronica o "artificiale" sarà in grado di assumere una presenza sempre maggiore nelle nostre vite.

Sarà un bene? Non lo sappiamo esattamente (anche perché di molte cose non ne sentiamo la mancanza...); ma ci sono alcuni che da anni si preoccupano, abbastanza inascoltati, del danno fisico da radiazioni.

Sappiamo già che l'introduzione del 5G richiederà centinaia di migliaia di nuove torri per telefoni cellulari (indicate anche come "stazioni base") nei centri urbani ed axtraurbani di tutta Italia e letteralmente milioni di nuove torri nelle città di tutto il resto del mondo. I 20.000 satelliti saranno un complemento necessario a questo sforzo terrestre, poiché garantiranno che anche le aree rurali, i laghi, le montagne, le foreste, gli oceani e le terre selvagge, saranno tutte zone incorporate nella nuova infrastruttura elettronica. Non un centimetro quadrato del globo sarà privo di radiazioni del 5G. Nulla e nessuno deve sfuggire a queste radiazioni; e se volessimo proteggergi, non servirà l'auricolare.

Data la portata del progetto, è sorprendente come poche persone siano consapevoli dell'enormità di ciò che sta iniziando a svolgersi intorno a noi. Pochissime persone hanno persino sentito parlare dei 20.000 nuovi satelliti che dovrebbero trasformare il pianeta in un cosiddetto "pianeta intelligente", irradiandoci giorno e notte. Nei media nazionali non sentiamo voci che mettono in discussione la saggezza, per non parlare dell'etica, della geoingegneria di un nuovo ambiente elettromagnetico globale.

CI SARA' PERICOLO PER LA SALUTE ?

Ma la domanda che dovremmo porci è se vogliamo un'esposizione sempre più intensa dell'ambiente naturale e di tutte le creature viventi, inclusi noi stessi, a radiazioni elettromagnetiche sempre più numerose e a frequenze sempre più elevate. Cosa succede quando queste radiazioni incontrano i nostri corpi? Lo sappiamo con certezza?

La risposta è "no" !

Allo stato attuale, telefoni cellulari, smartphone, tablet, la maggior parte dei Wi-Fi e così via, funzionano tutti a meno di 3 GHz, in quella che viene chiamata la regione "a microonde" dello spettro elettromagnetico. Le loro lunghezze d'onda sono di vari centimetri. Uno smartphone che funziona a 800 MHz, ad esempio, invia e riceve segnali con lunghezze d'onda di 37,5 centimetri. Operando a 1,9 GHz, le lunghezze d'onda sono di 16 centimetri. (al riferimento 2 il piano frequenze 5G per l'Italia)

L'introduzione del 5G comporterà l'uso di frequenze considerevolmente più elevate di queste, con lunghezze d'onda corrispondenti più brevi. Al di sopra di 20 GHz, le lunghezze d'onda sono lunghe solo millimetri anziché centimetri. La banda d'onda millimetrica (da 30 GHz a 300 GHz) viene definita frequenza estremamente alta e le sue lunghezze d'onda sono comprese tra 10 mm e 1 millimetro. Fino ad oggi, la radiazione elettromagnetica ad altissima frequenza non è stata ampiamente propagata (viene usata per lo più nei radar) e la sua introduzione segna un cambiamento significativo nel tipo di energia elettromagnetica che diventerà presente nell'ambiente naturale.

Uno dei vantaggi dell'uso di queste frequenze è che viene ridotta ciò che viene chiamata "latenza", o ritardo, nel tempo di trasmissione/ricezione. Ma, poiché le onde che trasportano i dati sono così piccole, lunghe appunto solo pochi millimetri, sono meno in grado di attraversare barriere fisiche rispetto alle onde più lunghe di frequenze più basse. Questo è il motivo per cui è necessario disporre di tante altre nuove "stazioni di terra"". Esse dovranno ad esempio essere distanziate a non più di 100 metri l'una dall'altra, nelle città.

Poiché le lunghezze d'onda sono molto più piccole, anche le antenne che le trasmettono e le ricevono saranno molto più piccole di quelle degli attuali telefoni e dispositivi elettronici. Un singolo trasmettitore/ricevitore 5G avrà un gran numero di piccole antenne, raggruppate in un'unica unità. Una serie di poco più di mille di tali antenne misura solo circa otto cm quadrati, quindi si adatterà facilmente in una piccola stazione base su un lampione, mentre lo smartphone in tasca ne avrà probabilmente sedici

Sia i satelliti 5G che le torri terrestri 5G utilizzeranno sistemi di antenne disposte a gruppi disposti in "phased array"; questi gruppi sono coordinati per irradiare impulsi in varie direzioni e in una sequenza temporale specificata da un computer che le pilota. Ciò consente a fasci concentrati di onde radio di essere puntati contemporaneamente, e con impulsi, su vari obiettivi designati; il computer può, se richiesto, rapidamente cambiare orientamento del fascio.

Ciò significa anche che qualsiasi creatura vivente che si frapponga sul percorso di un raggio così concentrato sarà soggetta a una potente dose di radiazioni ad altissima frequenza. Uno studio ha dimostrato (3) che alcuni insetti, a causa delle loro piccole dimensioni corporee, sono particolarmente vulnerabili alle onde millimetriche, alle frequenze più alte. Altri studi hanno dimostrato che anche i batteri e le piante sono vulnerabili.

Oltre alla sua capacità di concentrare la potenza in raggi focalizzati, la tecnologia phased array ha un ulteriore fattore complicante. Su entrambi i lati del raggio principale, gli intervalli di tempo tra gli impulsi sono diversi dagli intervalli di tempo tra quelli del raggio principale, ma possono sovrapporsi in modo tale da produrre cambiamenti estremamente rapidi nel campo elettromagnetico. Ciò può avere un effetto particolarmente dannoso sugli organismi viventi, perché le cariche in movimento che fluiscono nel corpo diventano effettivamente antenne che irradiano nuovamente il campo elettromagnetico e lo inviano più in profondità nell'organismo. Queste onde irradiate sono note come precursori di Brillouin, (4) (5) che prendono il nome dal fisico francese Leon Brillouin, che le descrisse per la prima volta nel 1914. Ricerche suggeriscono che possono avere un impatto significativo e altamente dannoso sulle cellule viventi.

LE RASSICURANTI AFFERMAZIONI DEI GOVERNI E DELL'INDUSTRIA; C'E' DA FIDARSI? IL CASO INGLESE.

Un articolo di Repubblica del marzo 2019 affermava: "Ci si può chiedere poi se il 5G, usando nuove frequenze (vicine alle cosiddette "onde millimetriche") possa esporre a rischi diversi e maggiori per la salute. È appunto questo l'allarme lanciato da chi adesso chiede lo stop della tecnologia 5G. Le nuove frequenze sono più elevate rispetto a quelle usate ora dai cellulari e serviranno tra l'altro a creare celle molto piccole e numerose nelle nostre città, per esempio per i servizi dell'internet delle cose (IoT). Il segnale su frequenze elevate penetra e si diffonde meno bene, ecco perché le celle devono essere più piccole e più capillari. Ma questo vuol dire anche – notano dall'Istituto Superiore della Sanità (ISS) – che le potenze utilizzate saranno più basse e le onde si fermeranno a livello molto superficiale (della pelle)".

Questo è quindi ciò che afferma l'ISS secondo Repubblica; sarà vero? Facciamo un salto nel Regno Unito.

L'ente governativo incaricato di proteggere la salute pubblica, il Public Health England, nel Regno Unito, informò tempo fa che non ci sono prove convincenti che le radiazioni di radiofrequenze (radio, televisione, telefoni cellulari, smartphone , 5G…) abbiano effetti negativi sulla salute di adulti o bambini .

Questo parere si basava sulle raccomandazioni di un organismo apparentemente indipendente chiamato AGNIR (gruppo consultivo sulle radiazioni non ionizzanti), che nel 2012 produsse un rapporto sulla sicurezza delle radiazioni in radiofrequenza. Il rapporto affermava che mancavano prove "convincenti" e "conclusive" per eventuali effetti negativi sulla salute. (6). Era quindi come dare un assegno in bianco al settore delle telecomunicazioni per passare alle frequenze più alte, senza tener conto delle conseguenze.

Si scoprì poi, nel 2017 che, lungi dall'essere indipendente, AGNIR aveva un'alta percentuale di membri con palesi conflitti di interesse, e che il loro rapporto aveva tralasciato prove che avrebbero dovuto costringerlo a giungere alla conclusione opposta a quella a cui era arrivato. In un'analisi forense del rapporto, la ricercatrice per la salute ambientale, Sarah Starkey, chiarì che solo un volontario disprezzo delle prove scientifiche disponibili avrebbe potuto spiegare le contraddizioni interne e l'apparente incompetenza che traspariva dal rapporto. (7)

Nonostante ciò, l'attuale politica del governo del Regno Unito consente a quest'ultimo di realizzare il 5G senza nemmeno un cenno alla necessità di una precedente profonda valutazione della salute e della sicurezza (8). La salute e la sicurezza semplicemente non figurano nel pensiero del governo, nonostante una vera e propria montagna di letteralmente migliaia di articoli di ricerca che dimostrano effetti negativi sulla salute: il numero di questi articoli e rapporti continua a crescere al ritmo di circa 350 all'anno, in media praticamente uno ogni giorno (9).

Uno dei motivi per ignorare queste prove circa i possibili

danni causati dall'ecosistema elettronico 5G, è la convinzione negli ambienti governativi che, a meno che il 5G non venga introdotto al più presto, il Regno Unito verrà "lasciato indietro"; e la sua crescita economica e competitività sarà messa a rischio. Semplicemente non c'è tempo per considerare le possibili conseguenze sulla salute.

La National Infrastructure Commission, il cui rapporto del 2016, Connected Future, costituisce la base dell'attuale politica del governo inglese, ha spinto in avanti questa volontà di accelerazione del Regno Unito (in ritardo rispetto ad altre nazioni), e ha esortato il governo a garantire che la nuova infrastruttura digitale sia pienamente operativa entro il 2025 (10). Il rapporto della NIC sottolinea ripetutamente che i benefici del "futuro connesso" devono essere misurati in miliardi di sterline di entrate.

Nel 5G ci sono infatti elevati interessi economici in ballo. Gli importi da capogiro coinvolti sono ben esemplificati in una recente stima secondo cui solo l'industria dei media globale guadagnerà $ 1,3 trilioni di dollari dal 5G entro il 2025, anche perché il 5G "sbloccherà il potenziale della realtà aumentata (AR) e della realtà virtuale (VR) " (11) . Senza parlare dei ricavi dalla vendita delle frequenze e dagli interessi dei produttori e operatori relativi alla vendita di hardware, di software e di nuovi servizi.

Dal 1993, l'industria ha finanziato un gran numero di studi, risparmiando ai governi una grande spesa; da questi studi emerge la posizione che il giudizio sia ancora incerto sul fatto che l'esposizione alle radiazioni di radiofrequenza causi danni alla salute o meno.

Saranno veritieri? Nel luglio 2018, The Guardian pubblicò

un articolo che citava una ricerca che mostrava che, mentre il 67% degli studi finanziati in modo indipendente aveva riscontrato un effetto biologico dell'esposizione alle radiazioni di radiofrequenza, solo il 28% degli studi finanziati dall'industria aveva trovato gli stessi riscontri. In pratica, gli studi finanziati dall'industria hanno una probabilità quasi due volte e mezza inferiore rispetto agli studi indipendenti di trovare effetti sulla salute (12). Gli autori dell'articolo del Guardian spiegano come l'industria delle telecomunicazioni non abbia bisogno di vincere l'argomentazione scientifica sulla sicurezza, ma semplicemente di continuare l'argomento a tempo indeterminato, producendo studi con risultati che non si possono verificare, o meglio contraddire, circa gli effetti negativi sulla salute.

Uno degli studi più noti è il gigantesco "Interphone Study" finanziato dall'industria, che è riuscito a concludere che tenere un telefono cellulare in testa protegge (sic !) effettivamente l'utente dai tumori del cervello! Questo studio, che è pieno di contraddizioni e soffre di gravi difetti di progettazione, è spesso citato come il più autorevole fino ad oggi, mentre in realtà pare sia stato completamente screditato (13).

Nonostante tutto ciò, si ritiene che non vi sia consenso scientifico e quindi che non vi siano motivi sufficienti per intraprendere azioni. Ovviamente questo vale per il Regno Unito. In Italia il nostro Istituto Superiore per la Sanità, come visto sopra, ci assicura che non ci sono pericoli.

Un commento finale: i governi si adoperano a condannare il riscaldamento globale, cercando di provare che è generato dall'Uomo e che bisogna combatterlo; e pochi politici (e attivisti al seguito) si premurano a cercare di capire come, e se è giusto, fermare l'inquinamento elettromagnetico. Che è generato, senza alcun dubbio, in questo caso, dall'Uomo. Non è strano?

RIFERIMENTI

1. Una delle migliori fonti per queste informazioni è il sito Web della Global Union Against Radiation Deployment from Space (GUARDS) all'indirizzo www.stopglobalwifi.org e il relativo sito Web della Task Force per telefoni cellulari all'indirizzo www.cellphonetaskforce.org .
2. Il 5G in Italia lavorerà su tre bande di frequenze; ovverosia 694 – 790 MHz, 3600 – 3800 MHz e 26,5 – 27,5 GHz.
   Banda 700 Mhz – La prima è quella soprannominata "nobile": la "banda 700" è infatti il miglior compromesso per raggiungere un ottimo livello di trasferimento dati e, al contempo, "penetrare" attraverso le strutture come muri, soffitti e – dunque – raggiungere con più efficacia i dispositivi degli utenti. Le basse frequenze sono la base per una copertura mobile diffusa e pervasiva e infatti non è un caso che TIM e Vodafone si siano assicurate le porzioni più succulente, con Iliad terzo incomodo, che ha sfruttato il fatto di essere "new entry" per assicurarsi frequenze senza fare asta. Attualmente queste frequenze sono occupate dalle trasmissioni del digitale terrestre, che infatti sarà spostato su altre a partire dal 2020 fino al 2022 con uno switch off graduale.
   Banda 3600-3800 Mhz. Questa banda sarà ideale anche per usi commerciali in strutture come aeroporti, porti e stazioni, siti turistici oltre che direttrici di trasporto dalle autostrade alle

ferrovie ad alta velocità.
Onde Millimetriche – A frequenze superiori, dunque trattando la banda 26,5 – 27,5 GHz (frequenze liberate dal dicembre scorso), si parla di onde millimetriche. Si usa questo termine perché la lunghezza d'onda va proprio da 1 a 10 mm. Al contrario della banda 700 qui la portata è assai inferiore così come la capacità di penetrare all'interno di edifici e superare ostacoli, ma di contraltare sarà supportata una più imponente velocità di trasferimento e una latenza ancora inferiore.

3. Arno Thielens et al., "Exposure of insects to radio-frequency Electromagnetic Fields from 2 to 120 GHz", Nature, 8: 3924 (2018): "Gli insetti mostrano un massimo di potenza assorbita da radiofrequenza a lunghezze d'onda paragonabili alla loro dimensione corporea ... Gli insetti studiati che sono inferiori a 1 cm mostrano un picco di assorbimento alle frequenze (sopra i 6 GHz), che attualmente non sono spesso utilizzate per le telecomunicazioni, ma sono progettate per essere utilizzate nella prossima generazione di sistemi di comunicazione wireless. "
4. Cindy Russell, "A 5G Wireless Future", The Bulletin (gennaio / febbraio 2017, pagg. 20-23) esamina la ricerca ed elenca un gran numero di effetti negativi sulla salute delle radiazioni elettromagnetiche delle onde millimetriche, tra cui aritmia, resistenza agli antibiotici, cataratta, sistema immunitario compromesso, ecc.
5. Kurt Oughstun, intervista sui "Brillouin Precursors", Microwave News , 22, 2 (2002), p.10. Secondo Oughstun, professore di ingegneria elettrica e matematica all'Università del Vermont: "Un singolo precursore di Brillouin può aprire piccoli canali attraverso la membrana

cellulare perché, mentre passa attraverso la membrana, può indurre un cambiamento significativo nel potenziale elettrostatico della membrana. " Vedi anche Arthur Firstenberg" 5G - From Blankets to Bullets "17 gennaio 2018), su www.cellphonetaskforce.org .

6. Rapporto del gruppo consultivo sulle radiazioni non ionizzanti, "Health effects from Radiofrequency Electromagnetic Fields" (2012).
7. Sarah J. Starkey, "Inaccurate Official Assessment of radiofrequency safety by the Advisory Group on Non-ionizing Radiation", Review of Environmental Health, 31: 4 (2016), pp. 493-503.
8. Il Dipartimento per la cultura, i media e lo sport e HM Treasury, "Next Generation Mobile Technologies: A 5G strategy for UK", marzo 2017, che definisce la strategia del governo inglese per il lancio del 5G, non menziona precauzioni per salute e sicurezza.
9. Una delle migliori fonti per questo cumulo di articoli di ricerca è il "The BioInitiative Report" (2012), che raccoglie il tutto in sezioni gestibili e viene regolarmente aggiornato. È possibile accedervi online all'indirizzo http://www.bioinitiative.org . Secondo il rapporto, tra il 2007 e il 2012, circa 1800 nuovi studi hanno dimostrato effetti negativi sulla salute, ovvero in media 350 all'anno.
10. "National Infrastructure Report, Connected Future" (dicembre, 2016), p.11. Gli autori sostengono che solo così facendo il Regno Unito potrebbe "trarre pieno vantaggio da tecnologie come l'intelligenza artificiale e la realtà aumentata". Il rapporto è disponibile su www.nic.org.
11. Ovum, "5G Economics of Entertainment Report" (ottobre, 2018). Il rapporto è stato commissionato da Intel e un riepilogo è disponibile all'indirizzo www.newsroom.intel.com .

12. Mark Hertsgaard e Mark Dowie, "The inconvenient truth about cancer and mobile phones", The Guardian, 14 luglio about cancer and mobile phones", The Guardian, 14 luglio 2018. La palese distorsione della verità a causa dei finanziamenti, è stata rivelata per la prima volta nel 2006 da Louis Slesin, "'Radiation Research' e the Cult of Negative Results", Microwave News, 26.4 (luglio 2006), pagg. 1-5. Un buon riassunto del problema è riportato in "Bias and Confounding in EMF Science", sul sito Web di Powerwatch: www.powerwatch.org.uk/science/bias.asp .
13. The Interphone Study è ampiamente criticato in L. Lloyd Morgan et al., "Cellphones and Brain Tumors: 15 Reasons for Concern" (2009), disponibile online su www.electromagnetichealth.org.

3. DANNI BIOLOGICI DA 5G: PRINCIPIO DI PRECAUZIONE E CONFLITTI DI INTERESSE

Quando emerse la crescente evidenza di un legame tra fumo e cancro ai polmoni, l'industria delle sigarette, incapace di confutare queste prove, creò strategicamente "dubbi" ... e per molti anni, la produzione di questi dubbi andò di pari passo con la fabbricazione delle sigarette.

Nel marzo 2020 la Commissione SCENIHR, incaricata di produrre le linee guida per proteggere da danni biologici provenienti da radiazioni elettromagnetiche, e che sosteneva i limiti emessi nel 1999, confermandoli nel 2015, è stata destituita dall'EPRS (European Parliamentary Research Service). Ciò in quanto i suoi membri erano stati giudicati in conflitto di interessi. Con un documento esplosivo, (ma mai pervenuto ai media) che allego al n. (12), lo EPRS comunicava che la commissione destituita aveva sostenuto che non c'è evidenza che le onde elettromagnetiche possano influenzare le funzioni cognitive degli umani, o possa contribuire ad un aumento di casi di cancro tra adulti e bambini. La nuova commissione incaricata, denominata SCHEER, definiva invece elevati i rischi biologici; in particolare del 5G, in quanto c'è evidenza che non si siano fatte indagini appropriate sull'esposizione a questa tecnologia.

In effetti, come vedremo in seguito, i rischi da 5G provengono da un certo numero di fattori. Le linee guida attuali, che vengono oggi considerate obsolete, considerano come nocive le radiazioni ionizzanti, mentre mettono poco in guardia da quelle elettromagnetiche che non sono ionizzanti.

E specificano che non sono dannose "perché non scaldano i tessuti umani". Nella realtà, i potenziali danni da 5G si è appurato che provengano, oltre che dalla elevata frequenza di trasmissione, anche dalla continua esposizione della popolazione, e dal fatto che si usino antenne che emettono onde in modalità pulsata. La maggiore attenzione ai danni è posta nelle onde millimetriche; però è risaputo che questa tipologia di antenne verrà usata anche a frequenze più basse. E comunque, la copertura da 5G è prevista sia completa sul territorio e 24 ore su 24, e quindi la popolazione sarà permanentemente esposta. Per quanto riguarda le onde millimetriche, esse, nel 5G, rappresentano la sponda più avanzata, in quanto, permettendo una bassa latenza, (0,5 ms o meno), permetteranno applicazioni avanzate sia commerciali che industriali: sarà difficile proteggersi.

Le opinioni degli "esperti" utilizzate finora avevano quindi una lacuna importante, che conduceva ad un'altra lacuna: la lacuna fondamentale era il fatto che i pareri venivano espressi per lo più da "scienziati" di tipo tecnologico (ingegneri, fisici) coinvolgendo poco o niente quelli di "cultura biologica" (medici, oncologi, biologi, biofisici). La lacuna indotta era che questi "esperti", da una parte, affermavano che non ci fossero ricerche sufficienti a mettere in allarme; dall'altra consideravano le numerose ricerche biofisiche in merito con superficialità (ad es. quelle dello IARC) e non intendevano applicare il "Principio di Precauzione" (20). Questi studi e ricerche invece esistono, e fin dal 1977; solo che sono di carattere biofisico; e quindi non prese in considerazione da "esperti" per lo più tecnologi.

Dal punto di vista puramente scientifico, ci sono pochi elementi sufficienti per confutare le affermazioni, né in senso positivo, né negativo, in quanto non sono state fatte sperimentazioni sull'uomo; ma solo su ratti (che per altro si usano in maniera estesa per la sperimentazione dei farmaci). Pertanto, poiché non stiamo discutendo di buchi neri o di onde gravitazionali, ma di salute umana, non si dovrebbe scherzare; e dovrebbe vigere, il PRINCIPIO DI PRECAUZIONE (20); il quale afferma che deve essere interrotto l'utilizzo, anche sperimentale, di qualunque infrastruttura, finché non vi siano CERTEZZE che neghino il danno biologico. Anche perché, se una persona si deve curare da un tumore, va di norma da un oncologo e non da un ingegnere.

UN PO' DI STORIA: Nel 1999 l'OMS asseriva (1) che i campi elettromagnetici a bassa intensità hanno effetti sanitari trascurabili, e che (2) non ci possono essere effetti sulla salute da parte di radiazioni non-ionizzanti (come le radiofrequenze). Poi, in seguito, rivedeva le affermazioni e dichiarava che, secondo uno studio, (3) campi a frequenza estremamente bassa sono "forse" cancerogeni per l'uomo, ma che questi effetti potevano essere benissimo trascurati. Senza curarsi del succitato "Principio di Precauzione". Affermava anche anche che (4) campi ad alta frequenza, ma bassa intensità come quelli dei cellulari non provocano danni. Anche se ammetteva che alcuni ricercatori hanno riscontrato danni neurologici. Affermava che non provocano danni in quanto non fanno aumentare la temperatura dei tessuti umani. Asseriva anche che si stavano facendo ricerche per vedere se l'esposizione prolungata a "campi che non fanno aumentare la temperatura" possano causare danni. E, bontà sua, ammetteva che sono necessari studi rigorosi. Studi che, in realtà, sono stati poi fatti e che hanno smentito queste assunzioni di OMS.

Saranno contenti coloro i quali negano danni biologici: l'OMS, nel 1999, era in accordo con loro: Ma lo era anche

ARPA VENETO, che, in un documento del 2010 asseriva categoricamente (5): "il riscaldamento dei tessuti è il principale meccanismo d'interazione tra energia a radiofrequenza e corpo umano".

LA SVOLTA: Nel 2011, però, il Consiglio Europeo, con la Risoluzione 1815 (6) dichiara che "alcune onde non-ionizzanti appare possano causare danni biologici, anche quando l'esposizione è al di sotto dei valori di soglia raccomandati". Dice poi che per quanto riguarda i possibili danni biologici, debbono essere valutati anche gli "effetti non termici" e che comunque deve sempre valere il Principio di Precauzione; al cui proposito lamenta che, nonostante il ripetuto richiamo dell'Assemblea alla sua applicazione, gli Stati hanno fatto orecchi da mercante. Aggiunge poi un'affermazione che sottolineo: "…ed è importante che, avendo i rischi da onde elettromagnetiche, una similare connotazione con quelli d prodotti medicinali, pesticidi, organismi geneticamente modificati, è cruciale che gli esperti scientifici di merito abbiano queste competenze al fine di fornire opinioni bilanciate. En passant, afferma anche che è importante l'indipendenza di chi emette linee guida al proposito.

E veniamo ai giorni nostri. Nel 2019, in una interrogazione al parlamento UE, (7) con oggetto "5G, lotta contro il cancro e gli effetti cancerogeni dei campi elettromagnetici" si denuncia la non indipendenza e non trasparenza del comitato UE "SCENIHR", incaricato di indagare sui pericoli da radiazioni elettromagnetiche, e che li avevano individuati solo se fossero state presenti "attività termiche" delle radiazioni.

E VENIAMO AL COLPO DI SCENA: Nel 2020 lo European Parliamentary Research Service emana un rapporto che afferma: "Con il 5G, per motivi tecnici, vi sarà una esposizione costante della popolazione alle onde millimetriche. Il 5G utilizzerà anche "antenne attive" di tipo "MIMO" (multiple input multiple output): secondo uno studio del 2019 si fa presente che non è possibile misurare con accuratezza le emissioni di queste antenne (8). Il progetto Geronimo (9), terminato nel 2018, non ha studiato il 5G: i limiti alle esposizioni si sono indirizzati a prevenire solo il riscaldamento dei tessuti (10). Il principio di cautela è spesso fallito (11)". Viene quindi destituita la commissione che affermava che le onde da cellulari non causano danni biologici; in quanto pare che detta commisssione avesse evidenti conflitti di interesse. La nuova commissione (SCHEER), appena insediata, considera, invece, alti i rischi di danni biologici da 5g.

L'APPELLO (13): Tra il 2015 e il 2019, 245 scienziati scrivono vari appelli a ONU e ad UE per denunciare danni da 5G e raccomandare una moratoria finché tutti i danni non siano stati investigati e non siano stati studiati nuovi limiti di emissioni. La maggior parte sono medici, biofisici, chimici; ma ci sono anche alcuni "tecnologi". Tali limiti devono essere basati sui possibili danni biologici, piuttosto che su valori di assorbimento. Le radiazioni 5G sono in genere considerate non nocive perché non ionizzanti. Ma il problema del 5g non risiede nella frequenza, bensì nella tipologia di emissione ad impulsi. In parole povere: per valutare i danni biologici non valgono parametri fisici di assorbimento, ma quelli sperimentali di danni biologici.

E GLI STUDI ESISTONO!

Nel 2016 la rivista Elsevier (che pubblica articoli peer reviewed), citava un articolo a titolo (16) "PLANETARY ELECTROMAGNETIC POLLUTION: IT IS TIME TO

ASSESS ITS IMPACT" che asseriva che le linee guida circa l'esposizione alle onde elettromagnetiche sono vecchie: datano dagli anni '90.

Nel 2018, poi, sempre Elsevier faceva una review circa gli studi effettuati sul tema e riportati in articoli "peer reviewed", e affermava (15) "mentre fisici ed ingegneri si limitano a dare assicurazioni circa il fatto che le onde elettromagnetiche non procurino riscaldamento dei tessuti umani; scienziati di cultura medica indicano che ci sono altri meccanismi cellulari da indirizzare. Nel caso delle onde millimetriche esistono già studi che provano effetti sul sistema immunitario, sulla pelle, sugli occhi e sulla resistenza agli antibiotici".

E poi ce n'è uno addirittura (17) del 1987, che afferma come microonde emesse in modo pulsato possano danneggiare le cellule (in questo caso procurando cataratte) 4,7 volte di più di quanto facciano le onde continue.

GLI AMERICANI SI AFFIDANO A STUDI RUSSI

Nel Gennaio 2020 la rivista americana Electromagnetic Radiation Safety (19) scriveva: l'esposizione massima consentita dalla FCC (Federal Communications Commission) è di 1,0 mW / cm2, mediata su 30 minuti per frequenze che vanno da 1,5 GHz a 100 GHz. Questa linea guida è stata adottata dal 1996 per proteggere l'uomo dall'esposizione ai livelli termici di radiazione a radiofrequenza. Tuttavia, abbiamo oggi capito che le linee guida non sono state progettate per proteggerci da rischi non termici, che possono verificarsi in caso di esposizione prolungata o a lungo termine alle radiazioni a radiofrequenza a frequenze più basse. Con l'implementazione dell'infrastruttura wireless di quinta generazione (5G), gran parte della nazione sarà esposta per la prima volta a onde su base continua. A causa delle linee guida FCC, queste esposizioni saranno probabilmente di bassa intensità. Pertanto, le conseguenze sulla salute dell'esposizione al 5G saranno limitate agli effetti non termici prodotti dall'esposizione prolungata agli MMW (onde millimetriche) in combinazione con l'esposizione alle radiazioni a radiofrequenza a bassa e media frequenza. Sfortunatamente, negli USA, pochi studi hanno esaminato l'esposizione prolungata a bassa intensità delle frequenze 5G, e nessuna ricerca di cui siamo a conoscenza si è concentrata sull'esposizione combinata con altre radiazioni a radiofrequenza.

Gli scienziati russi hanno però condotto per anni gran parte delle prime ricerche sugli effetti biologici dell'esposizione alle radiazioni a bassa intensità. La CIA ha raccolto e tradotto la ricerca pubblicata, ma l'ha declassificata solo decenni dopo. Nel 1977, N.P. Zalyubovskaya pubblicava infatti uno studio, "Effetti biologici delle onde millimetriche", in una rivista in lingua russa, "Vracheboyne Delo". La CIA ha declassificato questo documento nel 2012.

Lo studio ha esaminato gli effetti dell'esposizione dei topi alla radiazione millimetrica (37-60 GHz; 1 milliwatt per centimetro quadrato) per 15 minuti al giorno per 60 giorni. I risultati sugli animali sono compatibili con un campione di persone che lavorano vicine ma generatori di onde millimetriche. I risultati rivelano potenziali danni biologici nell'esposizione prolungata.

CONCLUSIONI E PRECURSORI DI BRILLOUIN

Coloro i quali affermano che il 5G non danneggi la salute hanno ragione; ma le loro informazioni si fermano al 1999.

Dovrebbero aggiornarsi: da allora molti studi sono stati fatti, e tutti confermano potenziali danni biologici dovuti ad onde elettromagnetiche; danni anche indipendenti dalla frequenza e dalla intensità delle stesse. Ma in particolare dovuti a lunghezza del tempo di esposizione e a pulsazione delle onde. Sono anche provate, poi, interazioni cellulari, anche a livello di DNA, anche a frequenze basse e basse intensità.

Una attenzione particolare vorrei mettere sull'aspetto dell' INDIPENDENZA E COMPETENZA DEGLI SCIENZIATI. Per quanto riguarda l'indipendenza è significativo che la UE abbia denunciato i conflitti di interesse di comitati preposti a tracciare le linee guida sui limiti delle radiazioni. Al punto di esautorare il comitato che ne aveva minimizzato i danni biologici. Per quanto riguarda la competenza, la stessa UE ha sollecitato commissioni che, oltre ad avere ingegneri e fisici tra di loro, abbiano anche medici, oncologi, biologi e biofisici.

Conflitti di interesse? Gli esperti di telecomunicazioni che scrivono raccomandazioni, fisici ed ingegneri, lavorano tutti per industrie e operatori di telecomunicazioni; ed è plausibile il loro conflitto di interesse nel dare giudizi in merito a danni biologici; in quanto tutti pesantemente coinvolti nello sviluppo del 5G. Gli esperti di danni biologici da radiazioni, di educazione medica, invece, lavorano per lo più per ospedali, centri di ricerca e istituzioni analoghe, che poco hanno a che fare col 5G; e quindi sicuramente più obbiettivi. Certamente entrambi i pareri debbono essere sentiti.

E poi, diciamocela tutta: non credete che prima di pensare al 5G, gli operatori italiani debbano completare una copertura decente del 4G? Da anni siamo in Europa il fanalino di coda nella banda larga; e lo "smart work" e la "scuola a distanza" imposti dal Covid-19 hanno esacerbato, tra l'altro, le differenze Nord/Sud Italia.

I governi? Pensate che un governo, un qualsiasi governo, abbia interesse a rallentare lo sviluppo del 5G e le sue sperimentazioni? Assolutamente no! E non solo per motivi politici. Il governo italiano ha incassato 6,5 miliardi di euro per le frequenze: se ne cancellasse o ritardasse lo sviluppo, sarebbe esposto al rimborso di danni o restituzione di quanto incassato.

RIFERIMENTI

LE "CERTEZZE" DI WHO (OMS)
https://www.who.int/peh-emf/publications/en/emfriskitalian.pdf?ua=1

1. campi magnetici a bassa intensita' hanno effetti biologici trascurabili
2. non ci sono effetti sulla salute da parte di radiazioni non ionizzanti
3. campi a estremamente bassa frequenza sono "forse" cancerogeni per l'uomo
4. campi ad alta frequenza, ma bassa intensita', come quelli dei cellulari, non provocano danni biologici; anche se si riscontrano (sic!) danni neurologici. ma, poiche' questi campi non provocano aumenti di temperatura nei tessuti, si considerano questi effetti trascurabili.

5. ARPA VENETO: IL RISCALDAMENTO DEI TESSUTI E' IL PRINCIPALE FENOMENO DI INTERAZIONE TRA ONDE ELETTROMAGNJETICHE E CORPO UMANO. SE I TESSUTI NON SI

SCALDANO, NON C'E' PERICOLO!:https://www.arpa.veneto.it/temi-ambientali/ambiente-e-salute/file-e-allegati/2012/telefoni_mobili_oms.pdf

6. (2011) - ASSEMBLEA UE. ALCUNE ONDE NON-IONIZZANTI APPARE POSSANO CAUSARE DANNI BIOLOGICI ANCHE QUANDO L'ESPOSIZIONE E' INFERIORE AI VALORI RACCOMANDATI. E' CRUCIALE LA TRASPARENZE E INDIPENDENZA DI COLORO I QUALI EMETTONO DIRETTIVE SANITARIE. https://assembly.coe.int/nw/xml/xref/xref-xml2html-en.asp?fileid=17994

7. INTERROGAZIONE A EUROPARLAMENTO: L'OPINIONE DELLA COMMISSIONE INTERNAZIONALE SULLA PROTEZIONE DALLE RADIAZIONI NON IONIZZANTI (ICNIRP) SECONDO CUI L'UNICO RISCHIO DI DANNO ASSOCIATO AI CAMPI ELETTROMAGNETICI (EMF) DERIVA DAGLI EFFETTI TERMICI, SI È RIVELATA SBAGLIATA. SI HANNO DUBBI SULL'INDIPENDENZA E TRASPARENZA DEI MEMBRI DELLO SCENIHR. https://www.europarl.europa.eu/doceo/document/e-9-2019-004409_en.html

8. NON E' STATO FINORA POSSIBILE MISURARE CON ACCURATEZZA LE EMISSIONI DA ANTENNE 5G. https://www.europarl.europa.eu/regdata/etudes/brie/2020/646172/eprs_bri(2020)646172_en.pdf

9. nel 2014 la commissione ue ha finanziato il progetto "geronimo" per studiare in maniera innovativa le radiazioni

elettromagnetiche. il progetto e' terminato nel 2018, ma non ha ancora condotto studi sui potenziali danni da tecnologia 5g.

10. i limiti alle esposizioni in vigore sono indirizzati a prevenire solo il riscaldamenti dei tessuti.

11. circa il principio di cautela, vi sono stati molti fallimenti in passato.

12. la commissione scientifica ue che aveva mandato di valutare i rischi da esposizione 5g, (e che li avevano giudicati inesistenti) aveva membri con conflitto di interessi. la commissione e' stata destituita. la nuova commissione, a dicembre 2018, dichiarava che ritiene alti i rischi di danni biologici da 5g.

13. appello di 245 scienziati: il problema non e' solo la frequenza cui opera il 5g (onde millimetriche), ma il fatto che usi una modalita' pulsata http://www.5gappeal.eu/the-5g-appeal/

14. (2018) scientific committee on health, environmental and emerging risks scheer statement on emerging health and environmental issues. the lack of clear evidence to inform the development of exposure guidelines to 5g technology leaves open the possibility of unintended biological consequences. https://ec.europa.eu/health/sites/health/files/scientific_committees/scheer/docs/scheer_s_002.pdf

elsevier https://www.sciencedirect.com/science/article/abs/pii/s1438463917308143?via%3dihub . towards 5g communication systems: are there health implications? (elsevier gennaio 2018)

15. mentre fisici ed ingegneri si limitano a dare assicurazioni circa il fatto che le onde elettromagnetiche non procurino riscaldamento; scienziati di cultura medica indicano che ci sono altri meccanismi cellulari da indirizzare. nel caso di onde millimetriche esistono gia' studi che trovano effetti sul sistema immunitario, sulla pelle, sugli occhi e resistenza agli antibiotici.

16. planetary electromagnetic pollution: it is time to assess its impact
https://www.sciencedirect.com/science/article/pii/s2542519618302213

17. (1987) danni biologici da onde pulsate: in vitro studies of microwave-induced cataract. ii. comparison of damage observed for continuous wave and pulsed microwaves.
https://www.ncbi.nlm.nih.gov/pubmed/3666062

18. (2002)l'analisi di pubblicazioni "peer reviewed" rivela danni del dna a causa di radiazioni em a bassa intensita'. ne descrive i processi cellulari (2002).
https://europarl-eplibrary.hosted.exlibrisgroup.com/primo-explore/fulldisplay?docid=tn_informaworld_s10_3109_15368378_2015_1043557&context=pc&vid=32epa_v1&lang=en_us&search_scope=32epa_everything&adaptor=primo_central_multiple_fe&tab=default_tab&query=any,contains,oxidative%20mechanisms%20of%20biological%20activity%20of%20low-intensity%20radiofrequency%20radiation

19. (2020) - gli americani si affidano a studi russi: gia' dal 1977 si conoscevano i danni biologici causati da onde millimetriche. https://www.saferemr.com/2017/08/5g-

wireless-technology-millimeter-wave.html
20. il principio di precauzione.
https://coscienzeinrete.net/5g-ue-dimentica-il-principio-di-precauzione/

```
Declassified and Approved For Release 2012/05/10 : CIA-RDP88B01125R000300120005-6

BIOLOGICAL EFFECT OF MILLIMETER RADIOWAVES

Kiev VRACHEBNOYE DELO in Russian No 3, 1977 pp 116-119

[Article by N. P. Zalyubovskaya, Khar'kov Scientific Research Institute of
Microbiology, Vaccines and Sera imeni Mechnikov]

[Text]   Morphological, functional and biochemical studies conducted
         in humans and animals revealed that millimeter waves caused
         changes in the body manifested in structural alterations in
         the skin and internal organs, qualitative and quantitative
         changes of the blood and bone marrow composition and changes
         of the conditioned reflex activity, tissue respiration, ac-
         tivity of enzymes participating in the processes of tissue
         respiration and nucleic metabolism. The degree of unfavor-
         able effect of millimeter waves depended on the duration of
         the radiation and individual characteristics of the organism.
```

(20) PRECURSORI DI BRILLOUIN

https://microwavenews.com/news/backissues/m-a02issue.pdf

All'inizio del 2002, la pubblicazione tecnica con base a New York, Microwave News ha pubblicato un articolo sui precursori di Brillouin. Il problema a quel tempo era rappresentato dalle radiazioni non ionizzanti provenienti dalla struttura radar PAVE PAWS a schiera graduale di Cape Cod, Massachusetts, USA. Un precursore di Brillouin è un impulso di radiazione molto veloce, che quando entra nel corpo umano, può generare una scarica di energia che può viaggiare molto più in profondità di quanto previsto dai modelli convenzionali. E se ne discuteva il possibile danno biologico.

In un'intervista di Microwave News il professor Kurt Oughstun (*), spiegava come i precursori di Brillouin siano generati da antenne radar a matrice graduale (ossia pulsata). Alla domanda "I precursori di Brillouin sono un fatto peculiare delle radiazioni radar?", Oughstun rispose: "No, per niente. Man mano che le velocità di trasmissione dei dati continueranno ad aumentare, i sistemi di comunicazione wireless potrebbero, in un certo momento, in un futuro non troppo lontano, avere le condizioni necessarie per produrre precursori di Brillouin nei tessuti viventi. "

L'intervistatore, in seguito, inviò un'e-mail a Oughstun chiedendo se esistesse la possibilità che i precursori di Brillouin fossero creati dalla tecnologia 5G. La sua risposta fu: "Probabilmente questa condizione non è ancora soddisfatta, ma è vicina. Una velocità dati di 10 Gbps (gigabit al secondo) o superiore sarebbe, tuttavia sufficiente per creare precursori di Brillouin, e sarebbe preoccupante."

Nel novembre 2018, GSMA, l'organizzazione industriale che rappresenta gli interessi degli operatori di telefonia mobile in tutto il mondo, pubblicò la sua posizione sullo spettro del 5G. Per citare, in parte da pagina 3: "Il 5G sarà definito in una serie di specifiche standardizzate che saranno concordate da organismi internazionali, in particolare il 3GPP e in definitiva dall'ITU nel 2020. L'ITU [International Telecommunications Union] ha delineato criteri specifici per IMT-2020 - comunemente considerati come 5G - che supporterà banda larga mobile potenziata: comprese velocità di download di picco di almeno 20 Gbps ... "

COME SI PENSA I PRECURSORI DI BRILLOUIN

AGISCANO SUL CORPO UMANO

"Diverse singole antenne "PHASED ARRAY" irradiano impulsi in una sequenza temporale specificata. All'interno del raggio principale questi impulsi sono in genere separati da brevi intervalli. Gli impulsi possono sovrapporsi a vicenda in modo tale che possano produrre un cambio di fase estremamente rapido nel campo elettromagnetico. Cosa succede quando la fase cambia molto rapidamente? L'effetto più importante è che la radiazione non decade più in modo esponenziale e la maggior parte dell'energia RF viene assorbita in pochi centimetri quadrati di pelle umana. La nostra ricerca mostra che se un cambiamento di fase è sufficientemente rapido, a campo quasi statico, viene generato un precursore di Brillouin; quando esso viene generato, la radiazione penetra nel corpo umano. Questo tipo speciale di campo d'onda è stato descritto per la prima volta dal fisico francese Leon Brillouin in 1914. Abbiamo scoperto che gli impulsi che producono un precursore di Brillouin possono fornire una frazione significativa della loro energia in profondità nel tessuto, molto più degli impulsi di un radar convenzionale. Il campo generato dal precursore di Brillouin è totalmente diverso dalla radiazione RF / MW indirizzata in ANSI / IEEE. Nel suo articolo del 1994, il Dr. Richard Albanese ha descritto quattro potenziali meccanismi per danni biologici ai tessuti dovuti a un precursore di Brillouin. Questi sono: cambiamenti nella conformazione delle molecole; cambiamenti nei tassi di reazioni chimiche, effetti su membrane e danni termici. Secondo me, i più gravi possono essere gli effetti della membrana. Un singolo precursore di Brillouin può aprire piccoli canali attraverso la membrana cellulare perché, mentre passa attraverso essa, può indurre un cambiamento significativo nel potenziale elettrostatico

(*) Kurt Oughstun è professore di ingegneria elettrica e matematica all'Università del Vermont, Burlington. Ha svolto ampi lavori sulla propagazione di impulsi elettromagnetici estremamente brevi attraverso diversi tipi di materiali; ed è autore di oltre 50 articoli pubblicati, nonché del libro di testo "Propagazione di impulsi elettromagnetici nel dielettrico causale" (Berlino: Springer-Verlag , 1994)

4. CORSA AL 5G: GARA OLIMPICA O INCONTRO DI CALCETTO?

> *Come tutti sanno Il 5G è una tecnologia, non un evento sportivo; ciononostante nell'arena della geopolitica, il successore del 4G viene, spesso, presentato come in una "corsa" tra diverse nazioni, e in particolare tra le superpotenze di Cina e Stati Uniti. I paesi, e le città, vengono quindi classificati in base alle prestazioni 5G (copertura, numero di utenti, ecc...); proprio come lo sono nelle medaglie alle Olimpiadi.*

Devo dire che questa analogia non è originale. C'è la corsa agli armamenti, quella allo spazio; e, più di recente, il mondo sta ospitando una gara per sviluppare un vaccino contro il coronavirus.

I paesi che partecipano a uno di questi eventi ricevono, ovviamente, un premio importante. Il vincitore della corsa agli armamenti sarebbe in grado di minacciare i nemici con l'annientamento; e il campione della corsa allo spazio sarebbe in prima fila per l'appropriazione del cosmo. Con il primo vaccino contro il coronavirus, un paese potrebbe sperare, oltre a godere del merito scientifico, di avere anche merito in una pronta guarigione di tutto il mondo; con tutto il business correlato.

Ma perché e in che modo una tecnologia di rete è stata elevata a questa élite di combattenti globali?

In un mondo dominato da Internet, la semplice risposta è che i politici sono oggi più consapevoli dell'importanza delle telecomunicazioni che mai. Molti di questi indicano il forte legame tra la disponibilità della banda larga e la crescita del PIL. Alcuni ricordano come i pionieri del 4G abbiano dato vita ad applicazioni che hanno rivoluzionato le industrie globali: come Amazon, Uber, ecc. Molti governi hanno accettato una narrativa ancora più eccitante, prodotta dai sostenitori del 5G. In questa storia - scritta da artisti del calibro di Huawei, Apple, Ericsson e Nokia - il 5G non è semplicemente l'ultima tecnologia di rete. È il carburante essenziale per un mondo di oggetti connessi, dagli elettrodomestici di uso quotidiano ai veicoli stradali e persino ai sistemi d'arma nazionali. Si dice che il vincitore di questa corsa potrebbe ottenere un vantaggio economico e strategico per anni.

Non siamo forse convinti che il 5G sia pensato in questo modo? Ebbene, a giugno, Tom Cotton, senatore americano ed ex soldato, interrogato dai politici britannici sulle ragioni del suo paese per la campagna contro Huawei e ZTE, ha risposto: "Il 5G è un balzo tecnologico centrale per il modo in cui le economie funzioneranno in futuro, e il modo in cui i nostri paesi si proteggeranno. Utilizzare oggi una qualsiasi tecnologia 5G, di una società legata al Partito Comunista Cinese, è come se avessimo fatto affidamento su una nazione antagonista, durante la Guerra Fredda, per costruire i nostri sottomarini o per costruire i nostri carri armati".

Detto ciò, però alcuni esperti di telecomunicazioni non sono convinti che il 5G meriti di assurgere a questa élite di combattenti. Per gli scettici, la guerra del 5G non ha lo stesso prestigio delle gare di armi, spazio o vaccini, perché i premi che esso dà sono molto meno ovvi. I critici più accaniti pensano addirittura che sia una specie di truffa perpetrata da un settore alla disperata ricerca di crescita. E comunque questa guerra appare loro più come una partita di calcetto che un evento olimpico.

Questi critici notano infatti che nei paesi pionieri, né i consumatori né i loro fornitori di servizi hanno visto finora molti vantaggi dal 5G.

In Corea del Sud, circa il 13% delle persone oggi possiede un telefono 5G; posizionando questo paese, quindi, in testa a molti altri paesi per la sua adozione. Eppure, si nota, nonostante i cospicui investimenti, la spesa dei consumatori per servizi mobili non è aumentata.

In Giappone, Takashi Shoji, vicepresidente esecutivo del KDDI, ha parlato di un "enorme senso di crisi" riguardo alla scarsa diffusione del 5G nel proprio mercato (1), dichiarando chiaramente che sul tema non sa che pesci pigliare. E mentre la Cina ostenta grandi numeri per stazioni base e abbonati, ci sono stati pochi segnali che i consumatori cinesi stiano effettivamente utilizzando i servizi 5G. Secondo l'analista locale Wang Changyou (2) inoltre, le app mobili 5G che hanno preso forma, ad oggi, "non sono state accattivanti e non viene indirizzato il mercato di massa". Sì, il 5G appare essere un problema per il mercato di massa: anche nel momento in cui dovesse coprire tutto il territorio nazionale, sarà soggetto infatti a forti limitazioni. Poiché viaggia su frequenze molto alte, ha una portata ridotta che, può essere ulteriormente ostacolata da oggetti di grandi dimensioni e dalla pioggia. Altro limite è rappresentato dalla soglia massima di traffico dati di cui si potrà disporre ogni mese. I GB restano sempre pochi rispetto a quelli illimitati offerti dalle connessioni Adsl o in fibra ottica che oggi entrano nelle nostre case. Possono bastare per chi usa la rete solo per consultare i social o navigare. Ma se si ha intenzione di fare videoconferenze, giocare online o usare una smart TV, il discorso cambia.

Il vero vantaggio sembra quindi essere, oggi, per il cliente aziendale; il quale col 5G ottiene connessioni veloci e garanzie di servizio. il 5G, secondo i suoi sostenitori, è "la connettività perfetta per tutti i tipi di applicazioni aziendali non in mobilità". Ma, a questo punto, i critici ribattono che, nel caso della "non-mobilità", ci sono pochi esempi 5G, del mondo reale, che non possano essere realizzati con fibra, WiFi e 4G. E quindi ciò lascia i sostenitori del 5G a raffigurarne il valore con la semplice assenza di cavi nella fabbrica. Ma basterà questo a giustificarne gli ingenti investimenti? E' difficile immaginare che l'aspetto della mancanza di fili sia stato in cima a qualsiasi elenco di vantaggi che si prospettavano per il 5G diversi anni fa. La chirurgia robotica e le auto a guida autonoma sono invece esempi di servizi propagandati dall'avvento del 5G, ma non pare si stiano realizzando.

Nell'attesa che questi fantascientifici servizi vengano proposti, i tecnologi del 5G hanno inventato il network slicing. Il network slicing è forse ciò di cui i clienti aziendali 5G hanno più bisogno, anche se ancora non se ne sono accorti. Infatti, dal punto di vista commerciale, la domanda che oggi ci si pone sul 5G è se tutta questa velocità e questa poca latenza sia sempre necessaria. Uno dei punti di forza che viene sottolineato per le reti mobili 5G è infatti la capacità di garantire connessioni a larghissima banda e con bassa latenza, anche quando si ha un gran numero di oggetti connessi alla rete. Non è detto però che il profilo più diffuso di utilizzo del 5G sarà sempre così spinto al massimo. Ci saranno casi in cui serviranno banda e latenza, pensiamo ai veicoli a guida autonoma, e altri in cui basta pochissima banda e la latenza non è un problema (molti scenari IoT sono così). Col network slicing il problema è risolto: ogni particolare tipo di applicazione dovrebbe "vedere" una rete configurata nella maniera ottimale per gestire il suo traffico. Con lo slicing questo è effettivamente possibile, anche se la rete che l'applicazione vede è una "slice", una "fetta" virtuale della rete fisica e non quest'ultima nella sua totalità.

E questo potrebbe salvare il 5G; ma ci condurrà, probabilmente, a vederlo non tanto dedicato a far nascere applicazioni rivoluzionarie, ma semplicemente a migliorare la velocità e la latenza del 4G. E a me questo fa ricordare il PCN (Personal Communication Network altrimenti detto DCS 1800), un servizio mobile, ideato 30 anni fa (3), che lavorava su frequenza doppia di quella GSM: doveva rappresentare la rivoluzionaria risposta "personale" alle comunicazioni mobili; idealizzando addirittura dei "chip" messi sotto pelle ai bambini alla nascita. Si finì, come molti sanno, ad utilizzare, semplicemente, la frequenza 1800 Mhz per migliorare le prestazioni del GSM.

Un anno fa il 3GPP ha affermava (5) esplicitamente che "il progetto 5G non è abbandonato, ma l'industria non ne ha davvero bisogno e non è ancora pronta per un sistema mobile di prossima generazione". Ciò non significa, quindi, che il 5G sia destinato a ritirarsi in modo ignominioso; il futuro previsto da USA e Cina, nemici geopolitici, ma in pieno accordo sull'importanza del 5G, è possibile; anche se pare in fortissimo ritardo, mentre molti investimenti sono già stati fatti (es. le frequenze). E' comunque un dato di fatto che il 5G non sia partito al volo e che, magari, sia stato anche fatto inciampare dalla geopolitica in Europa e in altre parti del mondo. Non ultimo a frenarne il decollo, però, c'è il fatto che gli standard non siano in realtà molto aperti e interoperabili. Sembra ad oggi addirittura probabile una sorta di frammentazione degli standard (il 3GPP ha temporaneamente abbandonato i lavori di standardizzazione), mentre, udite, udite, il 6G si sta facendo strada. Inoltre, la pandemia di coronavirus potrebbe ostacolare per anni lo sviluppo di app e l'innovazione dei servizi.

Nessuno ancora, però, dichiara formalmente di voler abbandonare la corsa al 5G, anche se molte scorciatoie meno costose e meno rischiose si fanno avanti, come il 4G LTE-PP (5). L'unico dubbio è se sarà significativo salire sul podio "olimpico" e se ne varrà la pena dal punto di vista economico. Nel frattempo, comunque, il 5G rimane un'enorme distrazione da altre tecnologie esistenti e funzionanti, che richiederebbero, soprattutto in Italia, una maggiore attenzione. Infatti ancora una volta, e questa volta per colpa del coronavirus, ci siamo accorti di essere agli ultimi posti nella digitalizzazione in Europa. Nella Lombardia solo l'11% delle scuole è collegata in fibra ottica (4).

Sarebbe forse opportuno pensare che, prima di fare investimenti nel 5G, dovremmo farli bene nel 4G e nella fibra; senza dedicarci troppo alle partite di calcetto.

RIFERIMENTI

1. https://www.lightreading.com/asia/kddi-feels-crisis-over-low-5g-adoption/d/d-id/762845
2. http://www.c114.com.cn/market/220/a1131022.html
   A questo link trovate l'originale in lingua cinese; traduco i vari capitoli usando "Google traduttore" 1. Sebbene la copertura di rete 5G garantisca velocità, la copertura geografica non è sufficiente 2. Sebbene il prezzo dei terminali 5G si riduca rapidamente, le prestazioni in termini di costi non sono elevate 3.

Sebbene l'innovazione tecnologica del 5G sia elevata, la mancanza di applicazioni è un dato di fatto 4. Sebbene le tariffe 5G siano state ridotte, il target non è comunque il mercato di massa. Se si confronta infatti il valore ARPU degli utenti 4G , i pacchetti 5G non sono affatto convenienti per il grande pubblico.

3. htttps://people.unica.it/michelenitti/files/2012/04/ST-CM2-GSM-Storia-e-Architettura.pdf
4. htttps://www.repubblica.it/economia/2020/07/07/news/coronavirus_il_30_per_cento_degli_studenti_ha_avuto_problemi_con_le_lezioni-261209704/
5. 4G LTE-PP :il termine "LTE Pro Plus" segue il concetto di utilizzare onde millimetriche e larghezza di banda cellulare più ampia per l'accesso E-UTRAN con massiccia modulazione MIMO, 1024-QAM già utilizzata nelle ultime varianti WiFi (802.11ax) più il beamforming avanzato; ciò può portare i bitrate 5G promessi agli utenti finali senza la necessità di una nuova tecnologia radio, mantenendo l'infrastruttura di rete esistente e fornendo capacità extra per miliardi di dispositivi NB-IoT e LTE-M. https://apistraining.com/news/end-of-5g/

5. PERCHÉ LA RICERCA SUL 6G INIZIA PRIMA DI AVERE IL 5G

Le industrie non vorrebbero parlare di 6G perché si rischierebbe di diluire il messaggio sul 5G e la capacità di fare soldi con esso; poi hanno sentito che la Cina avrebbe lanciato un programma 6G; e poi anche la Corea. E ora gli atteggiamenti stanno cambiando perché nessuno vuole rimanere indietro: sono tutti tirati per i capelli.

"Voglio 5G, e anche 6G, e voglio che queste tecnologie vengano sviluppate negli Stati Uniti il più presto possibile. Le aziende americane devono intensificare i loro sforzi o rimanere indietro, ma non c'è motivo per cui dovremmo essere in ritardo". Donald J. Trump (@realDonaldTrump) - 21 febbraio 2019. Chissà se con Biden le velleità cambieranno.

Mentre gran parte del mondo si sta ancora chiedendo quanto tempo ci vorrà per ottenere reti 5G su vasta scala, e cosa questa tecnologia potrà significare per le loro vite e le loro economie, un gruppo di ricercatori delle telecomunicazioni sta guardando più avanti, a ciò che viene dopo: il 6G.

Dal 24 al 26 marzo 2018, a Levi, in Finlandia, un gruppo di 250 ricercatori si riunì per uno dei primi vertici globali sullo standard 6G Wireless; per iniziare a porsi le domande più basilari; che sono: cos'è e perché il mondo dovrebbe averne bisogno?

Giusto per capirci: "Non so cosa sia il 6G", ha affermato in un'intervista il dott. Ari Pouttu, professore all'Università di

Oulu in Finlandia. "Nessuno lo sa". E questa è una secca e sincera valutazione da parte dell'uomo che è anche vicedirettore del programma 6G finlandese.

Oulu è un paese situato ai margini del Mar Baltico; circa cinque ore a nord di Helsinki; è importante perché è anche il centro degli sforzi di ricerca sul 5G per merito delle sue connessioni storiche con Nokia; che ha determinato una concentrazione di ricercatori, come Pouttu, che sono stati determinanti nello sviluppo del 5G.

Il 6G, rimarrà indefinito per almeno 10 anni o più in futuro; ma il 6G non è solo fantascienza.

Mi spiego: oggi, le reti 5G stanno appena iniziando a svilupparsi. L'attuale standard 4G LTE dominerà ancora per diversi anni, in quanto i "carrier" delle telecomunicazioni cercheranno per anni ancora di recuperare i loro massicci investimenti su tale infrastruttura. Inoltre, lo sapete che i progetti sulle attuali reti 4G non saranno completamente tutti realizzati e utilizzati fino al 2025?

Nel frattempo gli operatori stanno procedendo, quindi e comunque, con molta cautela con il 5G. Si ricordi: il lancio di 5G sarà molto più costoso di quello del 4G a causa delle brevi distanze che i segnali possono percorrere e della necessità, pertanto, di una maggiore densità di apparecchiature per trasmettere i segnali. I costi di capitale saranno astronomicamente alti, molto più alti che col 4G e i modelli di business che giustifichino questi investimenti sono ancora molto confusi.

Ma c'è bisogno del 5G? Pare di sì, perché quando il 5G diventerà la rete dominante, ci sarà un enorme salto qualitativo rispetto al 4G; salto sensibilmente più elevato dell'evoluzione dalle reti 2G a quelle 3G e 4G. Infatti non solo il 5G promette velocità teoriche di 20 Gbps rispetto al massimo teorico di 1 Gbps per 4G, ma virtualmente non ci sarà latenza e supporterà una maggiore densità di connessioni in un'area più piccola.

Accoppiato con i progressi del cosiddetto "edge computing" che spingerà più intelligenza verso i dispositivi finali, l'era 5G viene pubblicizzata per la sua capacità di abilitare smart cities, fabbriche intelligenti, veicoli autonomi, streaming VR illimitato e altro ancora.

E questo dovrebbe rispondere alla domanda: " Perché abbiamo bisogno del 5G dato che abbiamo il 4G? "

Analogamente: " Perché avremo bisogno del 6G quando avremo il 5G?"

La risposta pare proprio sia: "Non lo sappiamo, ma poiché gli asiatici lo stanno facendo, lo facciamo anche noi !"

I punti di partenza più ovvi sarebbero la velocità e lo spettro. Il pensiero iniziale è che il 6G punterà a velocità di 1 Terabyte al secondo. Per ottenere tali velocità, i segnali dovranno essere trasmessi al di sopra di 1 terahertz, rispetto alla gamma di gigahertz in cui opera il 5G.

Ma operare in tale intervallo nello spettro richiederà progressi nella ricerca sui materiali, nuove architetture di calcolo, progetti di nuovi chip e nuovi modi di accoppiare tutto ciò con le fonti di energia.

Infatti la produzione di energia, e il suo consumo,

incombono come ostacoli enormi, sia in termini di ambiente che di costi. Come possiamo passare a un mondo in cui quasi ogni singolo oggetto prodotto raccoglie, analizza e trasmette costantemente dati senza fonti di energia rinnovabili e garantire che non bruciamo il pianeta nel processo?

Inoltre, mentre l'era del 5G dovrebbe rendere lo smartphone meno un fulcro della nostra vita di quanto lo sia oggi, il 6G pare dovrà essere un'era post-smartphone.

L'idea che oggi dobbiamo portarci appresso un gadget per controllare altri oggetti o comunicare sembrerebbe caratteristica della generazione 4G, evoluta verso il 5G; e terminare con esso.

Il modo in cui consumiamo i dati cambierà col 6G ancora di più. In questo scenario, il rapporto con il nostro operatore non sarà più nell'acquisto di uno smartphone, ma molto probabilmente acquistando una stazione periferica e consentendo a ogni casa o edificio per uffici di divenire il proprio operatore di comunicazione per l'enorme numero di dispositivi e dati che scorre attraverso questo "device" che potrebbe rappresentare la prossima generazione di connettività. Questi acquisti (invece di acquisti di smartphone), tra l'altro, potrebbero essere il modo in cui verrà finanziato il lancio della rete 6G, con intelligenza sufficiente per condividere, comprare e vendere lo spettro a livello di quartiere.

Ogni standard impiega circa un decennio per svilupparsi, e quindi la formalizzazione degli standard 6G ha come obbiettivo il 2020-2090. Il suo gruppo di ricerca prevede che l'uso del 5G venga massimizzato intorno al 2035.

Fantascienza? Mica tanto. Ci sono segni qua e là che lo slancio intorno alla ricerca sul 6G stia iniziando. In pratica, i ricercatori americani sono "tirati per i capelli". Infatti alla fine del 2019, il governo cinese ha annunciato che avrebbe intensificato il lavoro su 6G, con l'obiettivo di dominare il settore entro il 2030. A gennaio, LG ha annunciato la creazione di un centro di ricerca 6G in Corea del Sud.

Nel giugno 2019, poi, la Commissione Federale delle Comunicazioni (FCC) degli Stati Uniti ha annunciato che stava aprendo le gamme "terahertz" per esperimenti sui prossimi standard; 6G in testa.

Questi sviluppi hanno contribuito ad abbattere parte della resistenza a parlare di 6G da parte degli operatori; già molto impegnati col 5G (e col 4G !). Infatti, come detto sopra, gli operatori stanno impiegando enormi somme di denaro nelle loro implementazioni del 5G, e preferirebbero, da un punto di vista dei messaggi di marketing, che i benefici 5G non vengano confusi dal parlare di standard futuri.

In sintesi:: industrie ed operatori non vorrebbero ancora parlare di 6G perché rischierebbero di diluire il messaggio sul 5G, e la capacità di fare ricavi con esso; contemporaneamente, però, vedono che la Cina avrebbe lanciato un programma 6G, e poi anche la Corea. E ora gli atteggiamenti stanno forse cambiando .

6. GLI STUDI SUI DANNI DA RADIAZIONI 5G SONO STATI INFLUENZATI DALLE INDUSTRIE

> *In un appello all'Unione europea (7), oltre 170 scienziati e medici di 36 paesi avvertono del pericolo del 5G, che porterà a un massiccio aumento dell'esposizione involontaria alle radiazioni elettromagnetiche. Gli scienziati sollecitano l'UE a seguire la risoluzione 1815 del Consiglio d'Europa (8), chiedendo una task force indipendente per rivalutare gli effetti sulla salute.*

A maggio del 2019, 170 scienziati emanavano un appello alla UE che affermava "Noi sottoscritti raccomandiamo una moratoria sull'introduzione della quinta generazione mobile; fino a quando i potenziali pericoli per la salute umana e l'ambiente non saranno stati completamente studiati da scienziati indipendenti dall'industria. Si ritiene infatti che il 5G possa aumentare sostanzialmente l'esposizione ai campi elettromagnetici a radiofrequenza (RF-EMF). E' già stato già, infatti, dimostrato come le radiazioni RF-EMF siano dannose per l'uomo e per l'ambiente."

Uno dei promotori dell'appello, il Dr. L. Hardell, professore di oncologia all'Università di Örebro in Svezia afferma: "L'industria delle telecomunicazioni sta cercando di sviluppare e installare una tecnologia che potrebbe avere conseguenze dannose sugli esseri umani. Studi scientifici, sia recenti che prodotti da anni, hanno infatti evidenziato effetti dannosi sulla salute; siamo molto preoccupati che l'aumento dell'esposizione alle radiazioni del 5G porti a danni che non possono essere curati". In particolare, secondo Hardell: "La quinta generazione, 5G, di radiazioni in radiofrequenza, che è in fase di sviluppo e test; viene sviluppata senza una giusta determinazione dosimetrica dei possibili effetti sulla salute".

I media ne hanno una certa colpa: essi sbandierano tutti i vantaggi che questa tecnologia promette di offrire, ma passano sotto silenzio le conseguenze per la salute dell'uomo, delle piante e degli animali. Seguiti in questo atteggiamento dal settore politico. Ma politici, governi e media sono quindi responsabili della diffusione di una informazione "sbilanciata": la gente comune non è informata delle opinioni contrastanti su questo sviluppo tecnologico; (ad esempio quelle riportate nei riferimenti (1) e (2), ma vi sono innumerevoli alti esempi): è solamente informata da rapporti che negano i danni da radiazioni". E queste negazioni potrebbero non essere obbiettive.

Chi redige i rapporti circa i possibili danni alla salute del 5G ?

E' oggi ben dimostrato che gli studi sull'impatto sulla salute delle radiazioni elettromagnetiche, fatti in passato, siano stati fatti male e in gran parte influenzati dall'industria. E' anche criticato il fatto che la UE si sia affidata ad un controverso gruppo scientifico per emanare le sue raccomandazioni in merito (v. anche paragrafo 2. sopra)

Infatti, molti scienziati hanno da tempo insistito con la UE sul fatto che fossero condotti studi indipendenti sugli effetti delle radiazioni 5G "per garantire la sicurezza della popolazione". Di conseguenza, hanno chiesto più volte alla Commissione Europea di rimandare l'espansione della rete 5G "fino a quando i potenziali rischi per la salute umana e l'ambiente non siano stati accuratamente studiati da scienziati indipendenti dall'industria".

Ma la UE, invece di istituire una sua task force di scienziati indipendenti, ha dato mandato all'ICNIRP (acronimo di International Commission on Non-Ionizing Radiation Protection) un vecchio gruppo privato, non governativo, di 13 membri, istituito nel 1973, di decidere le linee guida per le radiazioni da 5G.

L'ICNIRP, quindi, ha scritto dei rapporti e emanato raccomandazioni; ma, l' ICNIRP non fa ricerche, raccoglie solo documentazione. E, nel fare ciò, pare abbia raccolto e posto in evidenza solo ciò che essa riteneva giuste teorie: non tenendo in conto la corposa documentazione scientifica che mette in guardia contro i tumori causati dal 5G. Come, ad esempio, questo rapporto molto recente, del gennaio 2020 (3). Ma non è tutto: molte relazioni e opinioni del CNIRP sono state criticate da esperti: la valutazione dei limiti di radiazione RF raccomandati dal ICNIRP appaiono infatti scientificamente inconsistenti. Ciò è stato evidenziato nella Risoluzione 1815 del Consiglio d'Europa, che critica pesantemente questi limiti (4). Ma ciò che è grave, è che appare anche chiaro, e denunciato parecchie volte, che molti membri del ICNRP abbiano conflitti di interesse. Si legga al proposito questo interessante articolo (5) che, tra l'altro, sottolinea il fatto che tutte queste "authorities" e comitati non facciano, appunto, ricerche di per sé, ma si riferiscano semplicemente a studi già fatti; magari superati. A chi ha voglia di approfondire, consiglio poi questo libro (6), relativo all'FCC americana.

Eppure le pressioni sulla UE per indurla a fare chiarezza sono state consistenti: nella interrogazione E-003975/2018, del luglio 2018, Nicola Caputo, europarlamentare del PD chiese alla Commissione, se intendesse istituire una task force europea di scienziati indipendenti e imparziali sui campi elettromagnetici per esaminare i rischi per la salute. Nella sua risposta, la Commissione europea affermò che "ai sensi dell'articolo 168 del trattato sul funzionamento dell'Unione europea, la responsabilità primaria della protezione del pubblico dai potenziali effetti dannosi dei campi elettromagnetici spetta agli Stati membri , compresa la scelta delle misure da adottare in base all'età e allo stato di salute ". Quindi la UE emana direttive e raccomandazioni, affidandosi ad un gruppo privato che è aspramente criticato, non si preoccupa di verificare se le deduzioni siano scientificamente obbiettive, autorevoli e inconfutabili; e poi, non si preoccupa che vengano seguite. Interessante, no ?

"LA COMMISSIONE EUROPEA NON FA NULLA PER PROTEGGERE I PROPRI CITTADINI"

In mancanza di una documentazione completa e aggiornata sulle ricerche svolte per valutare gli eventuali impatti sanitari e ambientali della nuova rete a 5G, è possibile – girando per il web – mettere a confronto una varietà di dati e opinioni, da cui emergono posizioni molto diverse. A molte pubblicazioni i cui autori dichiarano che l'introduzione delle reti a 5G non pongono alcun rischio per la salute, si oppongono tantissimi studiosi, che, come minimo (vi sono, come abbiamo visto, anche sperimentazioni effettuate), si appellano al Principio di Precauzione e ritengono prioritario svolgere altri numerosi test prima di procedere con l'implementazione. Un autore, in particolare, Martin Pall (2018), a conclusione di un lungo articolo, sostiene che "la Commissione Europea non ha fatto nulla per proteggere i cittadini europei, e lo stesso hanno fatto le analoghe istituzioni USA: FDA, EPA and National Cancer Institute. E conclude affermando "L'unico modo per valutare il livello di sicurezza del sistema 5G è di eseguire davvero dei test biologici".

Comunque, nell'attesa di migliori dati, al momento vi sono una quarantina tra città e nazioni che hanno espresso la decisione di bloccare le sperimentazioni per il 5G. L'elenco (9) aumenta costantemente. Ma non rallegratevi: mentre alcune nazioni bloccano, altre vanno avanti (10).

E l'Italia ? Beh, con buona coerenza italica, mentre Roma e Trento, a marzo 2019, cercavano di applicare uno stop alle sperimentazioni, (11), e in seguito anche Firenze, il sindaco Beppe Sala, a fine 2019, celebrava Milano come capitale europea del 5G .

E tutto ciò in barba al Principio di Precauzione dell'UNESCO, che recita:

"When human activities may lead to morally unacceptable harm, that is scientifically plausible but uncertain, actions shall be taken to avoid or diminish that harm."

(The Precautionary Principle (UNESCO) was adopted by EU on 2005)

RIFERIMENTI

1. https://www.jrseco.com/wp-content/uploads/Martin_Pall_PhD_5G_Great_risk_for_EU_US_and_International_Health-Compelling_Evidence.pdf
2. https://www.jrseco.com/eu-reflex-study-shows-dna-damage-caused-by-radiation-from-wireless-devices-and-

mobile-phones/
3. https://www.jrseco.com/wp-content/uploads/Hardell-Nyberg-Appeals-moratorium-5G-for-microwave-radiation-mco.2020.1984_AOP_PDF.pdf
4. https://www.jrseco.com/problems-with-official-icnirp-exposure-limits-for-electromagnetic-radiation/
5. https://www.investigate-europe.eu/publications/how-much-is-safe/
6. https://www.jrseco.com/wp-content/uploads/FCC_captured_agency_Alster.pdf
7. https://www.5gspaceappeal.org/
8. https://www.jrseco.com/council-of-europe-advice-on-health-risks-of-electromagnetic-radiation/
9. https://smombiegate.org/list-of-cities-towns-councils-and-countries-that-have-banned-5g/
10. https://www.lifewire.com/5g-news-4428066
11. https://oasisana.com/2019/03/12/clamoroso-a-roma-e-trento-si-vota-per-fermare-il-5g-non-lo-vogliono-i-5-stelle-notizia-esclusiva-oasi-sana/
12. https://finanza.lastampa.it/News/2019/11/07/sala-society-5-0-la-tecnologia-ha-bisogno-di-visione-a-lungo-termine-/NzlfMjAxOS0xMS0wN19UTEI

CAPITOLO III

RISCALDAMENTO GLOBALE ED ENERGIE ALTERNATIVE

Un grande numero di scienziati ritiene che il cambiamento climatico sia guidato quasi interamente dall'aumento di anidride carbonica e da altre emissioni prodotte dall'uomo nell'atmosfera. Un grande numero, ma non tutti: nel marzo 2018 il capo della US Environmental Protection Agency (EPA) affermò che l'anidride carbonica non è la causa principale del cambiamento climatico; e che c'è comunque grande disaccordo sulla questione, in quanto la misurazione dell'impatto umano sul clima é "molto impegnativa". Molti altri sscienziati, sulla base di ricerche condotte con rigoroso metodo scientifico, affermano che il riscaldamento climatico non è di "natura antropogenica" e non è causato dalla CO_2. Illustro in questo capitolo due di queste ricerche. Il tema è stato, ed è, anche politicamente combattuto e ha dato luogo ad un famoso scandalo.

In "epoca Covid", mentre i paesi cercano di contenere la diffusione virale limitando i viaggi e l'interazione sociale, le città hanno registrato minimi storici nei livelli di inquinamento atmosferico e i ricercatori stanno segnalando il calo più netto delle emissioni di gas serra dall'inizio delle registrazioni. In paesi europei come Regno Unito, Spagna e Italia, dove restano chiusi uffici, fabbriche, bar, ristoranti e teatri, il consumo di energia è diminuito in media del 10%. Questo fattore farà rivedere molte delle strategie sulla produzione di energia.

1. "CLIMATEGATE", IL PIÙ GRANDE SCANDALO SCIENTIFICO DELLA STORIA

Come introduzione a questo capitolo, racconto, in questo paragrafo, la storia di quello che è considerato il più grande scandalo scientifico della storia. Le email trapelate nel 2009 da uno dei più importanti centri di ricerca sul clima, crearono infatti un enorme scandalo, relativo a presunta manipolazioni di dati. Che fosse un imbroglio scientifico non è tuttora chiarissimo; sta di fatto che la natura antropica del riscaldamento climatico, anche se oggi è scientificamente molto contestata, forma tuttora la base dei movimenti politico-sociali che combattono la CO2.

Climategate è la denominazione assegnata dai media alla controversia sulle e-mail della Climate Research Unit (CRU) ed è iniziata nel novembre 2009 con la pubblicazione "illegale" di documenti della CRU che erano presso l'Università dell'Anglia Orientale in Inghilterra, e si riferisce a presunte manipolazioni di dati commesse dai alcuni ricercatori per attribuire un maggior peso alle attività umane negli attuali cambiamenti climatici.

Fu un grande scandalo: a metà 2009, una settimana dopo che il giornalista James Delingpole , del Telegraph , aveva coniato il termine "Climategate" per descrivere lo scandalo, Google mostrava che la parola appariva su Internet più di nove milioni di volte.

Vi riferisco l'articolo dell'epoca del "The Telegraph".

"In tutto questo ammasso di copertura elettronica, si è

perso il concetto che gli autori dello scandalo non sono un vecchio gruppo di accademici di secondo piano; ma si tratta di un discreto numero di scienziati che sono stati e sono i più influenti nel guidare l'allarme mondiale sul riscaldamento globale, attraverso il CRU, e nel Gruppo Intergovernativo, delle Nazioni Unite, di esperti sui Cambiamenti Climatici (IPCC)".

Il professor Philip Jones, direttore della CRU, era responsabile delle due serie di dati chiave utilizzate dall'IPCC per redigere i suoi rapporti; le sue registrazioni di temperature globali venivano ad essere il più importante dei quattro insiemi di dati di temperature riguardanti le previsioni che il mondo si scalderà a livelli catastrofici, a causa della CO_2 generata dall'uomo, a meno che non vengano spesi trilioni di dollari per evitarlo.

Il dottor Jones era anche una parte chiave del gruppo di scienziati americani e britannici responsabili della promozione di quell'immagine delle temperature trasmessa dal grafico definito "bastone da hockey" (v. figura sotto) di Michael Mann che 10 anni fa cercava di dimostrare che, dopo 1.000 anni di declino, le temperature globali hanno recentemente raggiunto il livello più alto nella storia registrata.

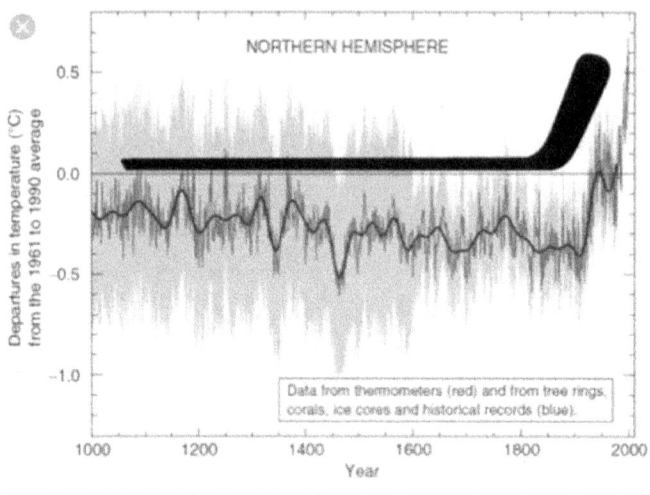

Considerando l'importanza rivestita da questo grafico per l'IPCC non da ultimo per il modo in cui sembrava eliminare il Periodo Caldo Medievale, da lungo tempo accettato dagli scienziati, quando le temperature erano più alte di oggi; (v. anche RIFERIMENTO 1.) tale grafico è diventato l'icona centrale dell'intero movimento del riscaldamento globale creato dall'uomo.

Già nel 2003 i metodi statistici utilizzati per creare il "bastone da hockey" erano stati ritenuti completamente imperfetti da un esperto statistico, il canadese Steve McIntyre , e una battaglia molto accesa è già in corso tra i sostenitori di Mann, che sono definiti "la squadra di hockey", e McIntyre, che è coadiuvato da un folto gruppo di scienziati, i quali alla fine hanno messo in discussione l'intera base statistica su cui IPCC e CRU fondano il loro caso climatologico.

(Alcune critiche sono elencate nel libro di cui la figura sottostante, che allude anche a possibile "corruzione" della scienza)

Ci sono tre filoni logici nei documenti trapelati, che hanno creato lo scandalo.

Il primo è il più ovvio: è la serie di email che mostrano come il dottor Jones e i suoi colleghi abbiano discusso per anni di subdole tattiche in base alle quali avrebbero voluto evitare di divulgare i propri dati a soggetti esterni; e quindi bypassare le leggi sulla libertà di informazione. Queste persone hanno avanzato infatti tutte le possibili scuse per nascondere i dati di base su cui erano fondati i loro risultati. Questo fatto, che di per sé è già un grande scandalo, era aggravato dal rifiuto del dott. Jones di rilasciare i dati di base; rifiuto culminato poi con la sua sconcertante affermazione che gran parte dei dati è semplicemente "andata persa". Ma le cose più incriminanti di tutte sono le e-mail in cui agli scienziati del gruppo veniva consigliato di eliminare grandi blocchi di dati. E la domanda che inevitabilmente nasce da questo rifiuto sistematico di rilasciare informazioni è: che cosa sono questi scienziati così ansiosi di nascondere? Una verità scomoda per le loro teorie?

Infatti il secondo filone di scandalo è il modo in cui gli scienziati hanno cercato di manipolare i dati attraverso tortuosi programmi di computer, puntando sempre nella sola direzione desiderata: abbassare le temperature passate e "regolare" le temperature recenti verso l'alto, per trasmettere l'impressione di un riscaldamento accelerato. (V. GRAFICI IN RIFERIMENTO 1). Questo fatto accade talmente spesso nelle varie relazioni presentate, che diventa il singolo elemento più inquietante dell'intera storia.

Vi sono poi anche due importanti esempi: in Australia e in Nuova Zelanda. In ciascuno di questi paesi è stato possibile per gli scienziati locali confrontare le registrazioni IPCC /CRU di temperature con i dati originali locali su cui si supponeva fosse basato. In entrambi i casi è chiaro che è stato giocato lo stesso trucco: trasformare un grafico di temperatura essenzialmente piatto in un grafico che mostra come le temperature aumentino costantemente.

La terza rivelazione scioccante di questi documenti è il modo spietato in cui questi accademici si accanirono per mettere a tacere qualsiasi interrogazione di esperti circa i risultati a cui sono arrivati con metodi così discutibili; non solo rifiutando di divulgare i loro dati di base, ma screditando qualsiasi rivista scientifica che osasse pubblicare il lavoro dei loro critici. Appare chiaro che non fossero disposti a fermarsi davanti a nulla per soffocare il dibattito scientifico, assicurandosi che nessuna ricerca dissenziente potesse trovare posto nelle pagine dei rapporti IPCC.

Già nel 2006, l'eminente statistico statunitense Professor Edward Wegman pubblicò un rapporto di esperti per il Congresso degli Stati Uniti, che supportava la demolizione del "bastone da hockey" da parte di Steve McIntyre: egli denunciò il modo in cui questo "gruppo affiatato" di accademici sembrava fin troppo attivo nel collaborare per "rivedere tra di loro" i documenti di altri, al fine di dominare i risultati dei rapporti dell'IPCC sulla climatologia, eludendo qualsiasi genuino dibattito scientifico. Uno stimato scienziato del clima statunitense, il dott. Eduardo Zorita, chiese addirittura che il dott. Mann e il dott. Jones fossero radiati da qualsiasi ulteriore partecipazione all'IPCC."

Tutto chiaro? I documenti del Climategate fecero accettare il fatto che fosse stato commesso un complotto scientifico? No, gli scienziati dell'IPCC furono più o meno assolti dalla comunità scientifica; dico "più o meno" perché la maggior parte delle motivazioni di assoluzione fu un "…sì….ma…". Sicuramente sono stati assolti da ipotesi criminose, ma la validità delle loro ipotesi scientifiche è ancora, come sappiamo, in discussione.

Verifichiamo queste ipotesi.

Vi invito innanzitutto a considerare alcune affermazioni scientifiche che confutano la teoria della CO2 COME FORZANTE ANTROPOGENICA DEL RISCALDAMENTO CLIMATICO:

NATURE (2010): "La triste verità della scienza del clima è che l'informazione più cruciale è la meno affidabile. Per pianificare il futuro, gli scienziati devono sapere come cambieranno le condizioni locali, non come aumenterà la temperatura media globale. I ricercatori stanno ancora lottando per sviluppare strumenti per prevedere accuratamente i cambiamenti climatici per il ventunesimo secolo a livello locale e regionale".

https://www.nature.com/news/2010/100120/full/463284a.html

THE TELEGRAPH (2019): "…Molti esperti sostengono OGGI che l'anidride carbonica è solo un attore minore dell'effetto di serra. Le carotature di ghiaccio provenienti dall'Antartide mostrano che alla fine delle recenti ere glaciali, la concentrazione di anidride carbonica nell'atmosfera ha cominciato ad aumentare solo dopo che le temperature hanno iniziato a salire. Il dott. Willie Soon, un astrofisico solare presso il Centro di astrofisica di Harvard-Smithsonian , ha dimostrato che all'aumentare del vapore acqueo aumenta anche la temperatura del suolo; e dichiara: "Alcuni scienziati affermano che se cambiamo il valore di anidride carbonica nell'atmosfera cambieremo l'intero sistema climatologico; ma in realtà questa affermazione è ridicola. La correlazione non equivale alla causalità. La CO2 non è potente in questo senso, l'unica cosa che fa nel sistema terrestre è rendere il pianeta più verde. L'anidride carbonica ha un ruolo secondario nell'effetto serra totale. "
"https://www.telegraph.co.uk/science/2019/10/15/climate-change-fake-news-global-threat-science/

AMERICAN PHYSICAL SOCIETY (2018): Le relazioni tra la concentrazione atmosferica dei gas serra e i loro effetti radianti sono ben quantificate. Ma il forzante antropogenico totale è incerto, soprattutto perché l'entità del forzamento negativo associato agli aerosol di solfato non è chiara. Vi sono ancora incertezze significative nel passaggio dalle emissioni di gas a effetto serra, in particolare quelle dell'anidride carbonica, alle concentrazioni atmosferiche. Tuttavia, la maggiore difficoltà sta nel relazionare i cambiamenti della concentrazione dei gas serra ai cambiamenti climatici.https://www.aps.org/policy/reports/popareports/energy/climate.cfm

RESEARCHGATE (2017): Poiché questi risultati sono stati prodotti da un rigoroso tentativo di descrivere le temperature planetarie nel contesto di un continuum cosmico, usando un'analisi obiettiva delle osservazioni verificate nell'intero Sistema Solare, tali risultanze richiedono un cambio di paradigma nella nostra comprensione dell'effetto serra atmosferico come fondamentale proprietà del clima. La cosiddetta "radiazione posteriore della serra" è infatti accertato che sia globalmente un risultato dell'effetto termico atmosferico piuttosto che una causa di ciò. Il nostro modello empirico ha anche implicazioni fondamentali per il ruolo degli oceani, del vapore acqueo e dell'albedo planetario nel clima globale.
https://www.researchgate.net/publication/317570648_New_Insights_on_the_Physical_Nature_of_the_Atmospheric_Greenhouse_Effect_Deduced_from_an_Empirical_Planetary_Temperature_Model#targetText=New%20Insights%20on%20the%20Physical%20Nature%20of%20the%20Atmospheric%20Greenhouse,an%20Empirical%20Planetary%20Temperature%20Model&targetText=A%20recent%20study%20has%20revealed,for%20the%20past%2040%20years.

Tante incertezze, quindi, e (a mio parere) una sola certezza: che il problema climatico sia per il 15% scientifico, e per l'85% politico. Nel frattempo, a partire dal protocollo di Kyoto, si organizzano comunque riunioni internazionali e manifestazioni per combattere la CO2.

Terminerò quindi con una affermazione della APS (American Physical Society): "Il grado in cui il clima cambierà in futuro è ancora incerto. Tuttavia il cambiamento climatico può portare a danni significativi ai sistemi umani e naturali.

Anche le stime del costo della riduzione delle emissioni di gas serra sono però incerte e al momento non è possibile un calcolo definitivo del rapporto costi-benefici che paragoni i danni causati dai cambiamenti climatici ai costi di mitigazione".

RIFERIMENTI

La figura a sinistra mostra un confronto di rilevazioni; con, in rosso, l'elevato valore di temperature nel medioevo, ignorato dal "bastone di Hockey"; il quale si avvale, nella figura a destra, di "aree di incertezza" (in azzurro) per ricavare, arbitrariamente, un andamento piatto, o addirittura declinante, prima dell'impennata.? (grafici di Wikipedia).

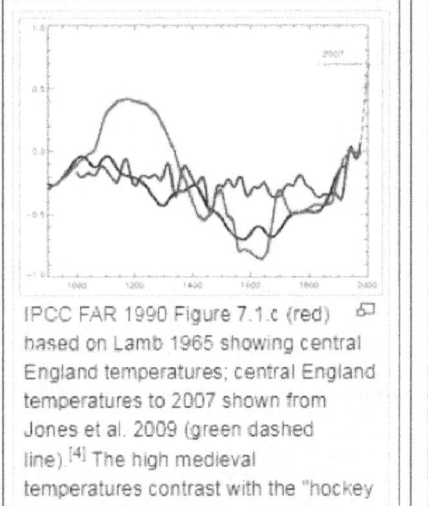

IPCC FAR 1990 Figure 7.1.c (red) based on Lamb 1965 showing central England temperatures; central England temperatures to 2007 shown from Jones et al. 2009 (green dashed line).[4] The high medieval temperatures contrast with the "hockey stick" MBH99 40 year average (blue, uncertainties omitted) and Moberg et al. 2005 low frequency signal (black).

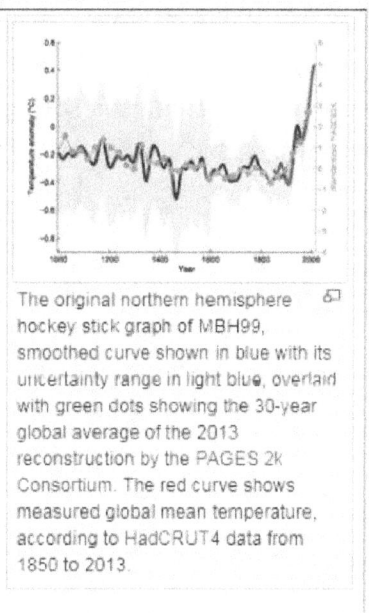

The original northern hemisphere hockey stick graph of MBH99, smoothed curve shown in blue with its uncertainty range in light blue, overlaid with green dots showing the 30-year global average of the 2013 reconstruction by the PAGES 2k Consortium. The red curve shows measured global mean temperature, according to HadCRUT4 data from 1850 to 2013.

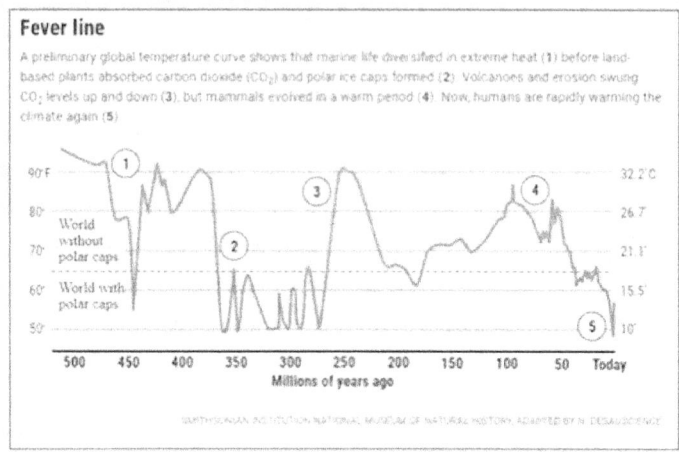

Il rilevamento della temperatura degli ultimi 500 milioni di anni mostra una sua sensibile diminuzione al momento attuale

2. SCIENZA DEL CLIMA E "CONSENSO": COME DISTINGUERE L'AUTOREVOLEZZA DAL CONFLITTO DI INTERESSE.

Nell'aprile 2017 fu inaugurata, a Washington D.C., la prima "Marcia per la Scienza"; fatto strano, perché generalmente le marce sono tenute per difendere qualcosa che è in pericolo. Pensate davvero che la Vera Scienza sia in pericolo? Il solo fatto, però, che la Marcia fosse programmata in occasione della Giornata della Terra, tradì a quel tempo in cosa consistesse realmente l'evento: la politica. Gli organizzatori lo ammisero molto presto, anche se poi si impegnarono a cercare di coprire l'evento.

Se il passato introduce il presente, dovevamo aspettarci l'attuale consenso politico sul catastrofico cambiamento climatico: lo scopo di questo consenso è far tacere i tanti scienziati che sono scettici.

Poiché la politica ama talvolta mascherarsi da scienza, e non possiamo essere tutti climatologi, abbiamo quindi bisogno di modi per distinguere l'una dall'altra.

"Consenso" significa non solo "accordo generale" ma anche "solidarietà di gruppo in un sentimento e in una convinzione". E qui nasce il problema. Questo consenso sulle teorie catastrofiche si basa su solide prove scientifiche, o semplicemente sulla pressione sociale e sul pensiero di gruppo?

Chiunque abbia studiato la storia della scienza sa che gli scienziati sono inclini agli istinti di gregge. Sappiamo infatti che molte idee scientifiche false un tempo godevano di consenso. Ovviamente non dobbiamo dimenticare l'altro lato della medaglia. Ci sono infatti anche i teorici della cospirazione: non importa quanto sia fondato un consenso scientifico, c'è sempre qualcuno che pensa che sia tutta una menzogna, fondata magari su interessi economici.

Quindi, come possiamo distinguere tra genuina autorevolezza e "saggezza indotta da interessi non scientifici"? E come possiamo reagire al legittimo scetticismo? Dobbiamo fidarci di tutto ciò che ci viene raccontato come basato su un consenso politico-scientifico, a meno di non essere in grado di studiare noi stessi l'argomento scientificamente? Quando si può dubitare di un consenso? Quando dobbiamo dubitarne?

Non ci sono elenchi completi di segni di sospetto che il consenso nasconda errori od omissioni. Cerco di elencarne alcuni: uno solo di questi segni potrebbe essere sufficiente a farci riflettere. Se si accumulano, allora è saggio essere diffidenti.

Quando diverse affermazioni vengono raggruppate insieme

Di solito, nelle controversie scientifiche, c'è più di una affermazione in questione. Con il riscaldamento globale, si afferma che il nostro pianeta, in media, si stia riscaldando. C'è anche la pretesa che noi ne siamo la causa principale, che la CO2 generata da noi ne è la causa principale, che il futuro sarà catastrofico e che dobbiamo trasformare la nostra civiltà per affrontarla. Queste sono tutte affermazioni diverse basate su prove diverse.

Le prove del riscaldamento, ad esempio, non sono prove della causa di quel riscaldamento. Anche se tutti gli orsi polari annegassero, i ghiacciai si sciogliessero, e Terranova diventasse un luogo per abbronzarsi, questi fatti non ci direbbero nulla di ciò che ha causato il riscaldamento.

Ora, c'è molto più accordo su una modesta tendenza al riscaldamento dal 1850 circa in poi, rispetto alla causa di quella tendenza. C'è ancora meno accordo sui pericoli di quella tendenza e su cosa fare al riguardo. Ma queste quattro affermazioni sono spesso raggruppate insieme. Ma, se ne dubiti, sei etichettato come "scettico" o "negazionista". Quindi, quando affermazioni ben consolidate sono legate ad affermazioni più controverse e l'intero pacchetto è etichettato come "consenso", c'è motivo di dubitarne.

Quando dominano gli attacchi ad personam contro i dissidenti

Gli attacchi personali sono comuni in qualsiasi controversia. Quando si tratta di cambiamenti climatici, gli attacchi ad personam sono all'ordine del giorno. La famigerata etichetta di "negazionista" è un esempio. E questa etichetta dovrebbe richiamare alla mente l'affermazione dell'editorialista (e premio Pulitzer) Ellen Goodman: "Secondo me siamo a un punto in cui è impossibile negare il riscaldamento globale. Possiamo dire che i negazionisti del riscaldamento globale sono ora da considerarsi alla pari dei negazionisti dell'Olocausto. "

C'è un vecchio proverbio legale: se hai i fatti dalla tua parte, argomenta i fatti. Se hai la legge dalla tua parte, discuti la legge. Se non hai nessuno dei due, attacca il testimone. Quando i sostenitori di un consenso scientifico conducono a un attacco al testimone, piuttosto che agli argomenti e alle prove, si deve essere sospettosi.

Quando gli scienziati sono spinti ad adeguarsi dalla linea del partito e dagli interessi personali.

Le promozioni sul lavoro, i contributi pubblici, i riconoscimenti dei media, la rispettabilità sociale, e la vanità possono influenzare i sentimenti scientifici. La famosa vicenda di Lysenko (3) nell'ex Unione Sovietica è un esempio della politica che violenta la buona scienza. Alexis de Tocqueville lo avvertì quasi due secoli fa. "Il potere della maggioranza nella società americana, scrisse, potrebbe erigere formidabili barriere intorno alla libertà di opinione; all'interno di queste barriere un autore può scrivere ciò che gli piace, ma guai a lui se le supera". Avrebbe potuto scrivere la stessa cosa sulla scienza del clima.

In effetti, il modo più rapido, oggi, per gli scienziati di mettere a repentaglio la propria carriera è quello di sollevare domande anche modeste sulle catastrofi climatiche. Gli scienziati sono infatti sotto pressione per sintonizzarsi sulla linea di partito circa i cambiamenti climatici e ricevere magari benefici (ad esempio investimenti) per farlo.

Un esempio eclatante di manipolazione della verità del riscaldamento climatico è dato dallo Scandalo Climategate (1) del 2009; riportato anche al paragrafo precedente di questo libro, e che riassumo brevemente. Lo scandalo riguarda il gruppo di scienziati più influenti nel guidare l'allarme mondiale sul riscaldamento globale, attraverso il ruolo che svolgevano nelle Nazioni Unite per l'IPCC, (Intergovernmental Panel on Climate Change). Il Professor Philip Jones era il responsabile della serie di dati utilizzati dall'IPCC per redigere i suoi rapporti catastrofici sul clima. Ebbene, a parte il fatto che i metodi statistici da lui usati furono definiti imperfetti dall'esperto canadese di statistica Steve Mcintyre, il vero scandalo fu nella serie di email trapelate che mostrarono come il prof Jones e i suoi colleghi avessero discusso per anni di modalità per mistificare e nascondere i dati su cui si basavano i loro allarmi sul clima. "Con un solo obbiettivo: abbassare le temperature del passato e regolare verso l'alto quelle recenti. Per trasmettere l'impressione di riscaldamento accelerato". E quando fu chiesta ragione a Jones dei suoi risultati, egli dichiarò che "gran parte dei dati era andata perduta".

Quando la pubblicazione e la revisione secondo la "peer review" della disciplina in esame è fatta sempre dalle stesse, poche, persone.

Sebbene abbia i suoi limiti, il processo di revisione tra pari (peer review) ha lo scopo di fornire opinioni e controlli. Nella peggiore delle ipotesi, aiuta comunque ad eliminare il lavoro di bassa qualità e fuorviante, e rende la ricerca scientifica più obbiettiva. Ma quando sono sempre le stesse, e poche persone, che si rivedono e si approvano a vicenda il lavoro, allora si possono verificare conflitti di interesse. E ciò indebolisce il caso del presunto consenso, e diventa, invece, un altro motivo di dubbio.

Quando i dissidenti sono esclusi dalle riviste scientifiche sottoposte a peer review non a causa di prove deboli o argomentazioni negative, ma a scopo di emarginazione.

Oltre alla mera invidia scientifica, il processo di "peer review" nella scienza del clima è stato, in alcuni casi, sovvertito per impedire la pubblicazione da parte di dissidenti. La débâcle del "Climategate" di cui sopra è un ottimo esempio. Le teorie sul cambiamento climatico sono diventate un dogma politico in cui non è ammesso il dissenso; e i critici del pensiero unico ambientalista vengono allontanati dalle università (2). E di nuovo, questo dà al pubblico laico un motivo per dubitare del consenso.

Quando il consenso viene dichiarato prima ancora che esso veramente esista

Un consenso scientifico ben radicato ha bisogno di tempo per crescere. Gli scienziati devono fare ricerche, pubblicare articoli, leggere altre ricerche e ripetere esperimenti (ove possibile). Devono rivelare i loro dati e metodi, tenere dibattiti aperti, valutare argomenti, esaminare le tendenze e così via, prima di poter raggiungere un accordo. Quando gli scienziati si affrettano a dichiarare un consenso; quando sostengono un consenso che deve ancora formarsi; allora questo dovrebbe far riflettere.

Nel 1992, l'ex vicepresidente Al Gore rassicurò i suoi ascoltatori: "Solo una frazione insignificante di scienziati nega la crisi del riscaldamento globale. Il tempo per il dibattito è finito. La scienza è consolidata". Nel 1992, in realtà, Gallup riferì che il 53% degli scienziati coinvolti attivamente nella ricerca sul clima globale non credeva che si stesse verificando un riscaldamento globale; il 30% non era sicuro; e solo il 17% riteneva che il riscaldamento globale fosse iniziato. Perfino un sondaggio di Greenpeace mostrò che il 47% dei climatologi non pensava che un effetto serra fosse imminente; solo il 36% lo riteneva possibile e solo il 13% lo riteneva probabile.

Diciassette anni dopo, nel 2009, Gore cambiò opinione. Coincidenza: il 2009 è quando successe il Climategate,

Quando l'argomento sembra, per sua natura, resistere al consenso.

È logico che nel tempo i chimici possano concordare sui risultati di alcune reazioni chimiche, dal momento che possono ripetere i risultati ripetutamente nei propri laboratori.

Sono facili da testare. Ma gran parte della scienza del clima non concede questo. Le prove sono sparse e difficili da rintracciare. Non è possibile rieseguire i processi climatici passati per provarlo. Le affermazioni degli scienziati del clima si basano su modelli computazionali complessi; e questi modelli producono il loro contributo non sempre dai dati, ma dagli scienziati che interpretano i dati. E questo processo è quindi, in gran parte, soggettivo, e non è quindi il tipo di prova che fornisce la base per un consenso fondato su prove scientifiche ripetibili.

Quando le affermazioni sono: "gli scienziati dicono" o "la scienza dice".

Nel numero di Newsweek del 28 aprile 1975, l'editore scientifico Peter Gwynne affermava che "gli scienziati sono quasi unanimi" nel dire che il raffreddamento globale era in corso. Oggi ci viene detto che: "Gli scienziati affermano che il riscaldamento globale porterà all'estinzione di specie animali e vegetali, allagamenti delle aree costiere dai mari in aumento, condizioni meteorologiche più estreme, più siccità e malattie che si diffondono più ampiamente." Dire "Gli scienziati dicono" è molto ambiguo. Ci si dovrebbe chiedere: "Quali?" Il risultato è che una vaga compagine di scienziati diventa oggi "Scienza ". Ma "Scienza", dopotutto, è un nome astratto; e non può parlare. Ogni volta che si vedono queste frasi usate per implicare un consenso, ci si dovrebbe fermare a riflettere.

Quando continuiamo a sentirci dire che esiste un consenso scientifico

Un consenso dovrebbe essere basato su prove concrete. Ma un consenso non è esso stesso la prova. E con consolidate teorie scientifiche, non si sente mai parlare di consenso. Nessuno parla del consenso sul fatto che i pianeti orbitino attorno al sole, che la molecola di idrogeno sia più leggera della molecola di ossigeno, che il sale sia cloruro di sodio. Il fatto stesso che sentiamo così tanto parlare di un consenso sui cambiamenti climatici può essere sufficiente per giustificare il sospetto.

Se vogliamo adattare la norma legale di cui sopra al punto b., potremmo dire: "quando hai solide prove scientifiche dalla tua parte, discuti le prove. Quando hai solidi argomenti, discuti gli argomenti. Quando non hai prove concrete o grandi argomenti, richiedi il consenso".

Io personalmente, non essendo un climatologo, non posso esprimere in merito opinioni scientificamente valide; ma cerco di fare emergere, con questi scritti, dalla controversia, il lato bistrattato; e tacciato di ignoranza da parte dei media e da molta della politica. Semplicemente perché, in campo scientifico, bisogna essere umili. Si debbono ascoltare tutte le opinioni portate con modalità rigorosa ed abolire le certezze: soprattutto quando ci si scontra con i dubbi che ho riportato sopra.

Ovviamente questi ragionamenti non si applicano solo al riscaldamento climatico; ma, se valgono, valgono in generale per tutte le teorie tecnico-scientifiche. Comprese quelle relative all'inquinamento elettromagnetico, in particolare da 5G. Ci siamo chiesti perché, ad esempio, gli attivisti della guerra contro il riscaldamento climatico non si mobilitino anche per questo inquinamento, che ha caratteristiche di immediatezza di danni più grave di quello climatico? Eppure l'inquinamento elettromagnetico è chiaramente di origine antropogenica. Eppure sarebbe abbastanza facile fugare i dubbi sul 5G ed ottenere un vero consenso scientifico: basterebbe sottoporre qualche centinaio di volontari ad irraggiamento 5G (onde millimetriche) per, diciamo un anno, e valutare le conseguenze biologiche. Non dovrebbe essere difficile trovare volontari, vista la pletora di "negazionisti" dei danni biologici. E comunque, se i volontari si trovano per il Covid, che non è ancora ben conosciuto circa la sua letalità, non vedo perché non si dovrebbe trovarli per il 5G; per il quale gli "esperti" ci assicurano che non vi saranno danni biologici.

RIFERIMENTI

1. https://www.telegraph.co.uk/comment/columnists/christopherbooker/6679082/Climate-change-this-is-the-worst-scientific-scandal-of-our-generation.html
2. https://www.ilfoglio.it/cultura/2019/03/19/news/chi-dubita-sulle-cause-del-global-warming-e-nemico-del-popolo-e-fanatismo-religioso-243766/
3. https://www.queryonline.it/2015/08/31/lysenko-e-altri-truffatori-scientifici-di-secondo-piano/

3. IL RISCALDAMENTO GLOBALE NON È CAUSATO DALLA CO2. COSI' AFFERMA UN AUTOREVOLE STUDIO.

Vi espongo qui di seguito una interessante teoria scientifica, basata su sperimentazioni. E poco conosciuta. Secondo cui il riscaldamento climatico sarebbe dovuto alla pressione solare. Quindi la CO2 sarebbe effetto del riscaldamento, e non la sua causa.

Il riscaldamento globale, come già detto, è all'attenzione di parecchie persone e gli scienziati sono abbastanza divisi sulle sue cause. Storicamente una parte di questi scienziati si è concentrata sull'Effetto Serra (ES) e sulla sua caratteristica antropica (ossia generata dall'Uomo); invitando i popoli mondiali a mobilitarsi contro di esso. In particolare a mobilitarsi contro la generazione di CO2, che, a loro parere, è causa dell'ES. Un altro gruppo di scienziati confuta in vario modo queste conclusioni. (2)

Le confuta soprattutto:

Ricorrendo a dati storici di lungo periodo circa la temperatura della Terra, dimostrando che non si sta scaldando

Dimostrando che la CO2 non c'entra niente, anche in considerazione della bassissima concentrazione percentuale nell'aria.

Ma c'è un'altra ricerca, abbastanza recente (2017) e molto interessante (1) perché elaborata con sperimentazione e non solamente con teorie. Qui la riassumo brevemente; nel prossimo paragrafo la tratterò più in dettaglio:

Essa dimostra, con rigoroso metodo scientifico, che l'Effetto Serra (ES) non è causa del riscaldamento globale; ma che è effetto del riscaldamento atmosferico. Riscaldamento che, a sua volta, è dovuto alla pressione solare.

Lo studio è pubblicato dall'istituto americano Environment Pollution and Climate Change; ha affermato innanzitutto che i calcoli effettuati sin qui circa ES sono sbagliati. Il che significa, come vedremo, che ci stiamo fasciando inutilmente la testa: i valori del gas serra, tre volte quanto ritenuto normale, sono invece normalissimi.

I due ricercatori (Ned Nikolov e Karl Zeller) hanno presentato una nuova indagine sulla natura fisica dell'effetto termico atmosferico, utilizzando un nuovo e interessante approccio empirico per predire la temperatura media globale del nostro pianeta: hanno osservato la temperatura di 6 corpi celesti, tra pianeti e satelliti, rocciosi e con atmosfere diverse, nell'arco di 30 anni. E ne hanno valutato le cause della variazione.

(Dal punto di vista di cura metodologica dell'analisi: i due ricercatori affermano che la relazione pressione-temperatura si è rivelata statisticamente valida; e descrive un continuum fisico regolare senza punti critici climatici. Questo continuum spiega pienamente l'effetto termico 90 K scoperto di recente dell'atmosfera terrestre. Ed è quindi empiricamente validato).

In altre parole, il cosiddetto ES è globalmente il risultato dell'effetto termico atmosferico piuttosto che una causa per esso. Questo modello empirico ha anche implicazioni fondamentali per il ruolo degli oceani e del vapore acqueo, nel clima globale.

"Poiché prodotto da un rigoroso tentativo di descrivere le temperature planetarie nel contesto di un continuum cosmico utilizzando un'analisi oggettiva di osservazioni controllate di tutto il Sistema Solare, concludono i ricercatori, questi risultati richiedono un cambio di paradigma nella nostra comprensione dell'effetto serra 'atmosferico' come fondamentale proprietà del clima".

Quindi, questa è una "cattiva notizia": infatti se il riscaldamento globale non è causato dall'uomo (che produce troppa CO2); l'uomo non può fare nulla per modificarlo.

RIFERIMENTI

1. New Insights on The Physical Nature of the Atmospheric Greenhouse effect Deduced from an Empirical Planetary Temperature Model https://www.omicsonline.org/open-access/new-insights-on-the-physical-nature-of-the-atmospheric-greenhouse-effect-deduced-from-an-empirical-planetary-temperature-model.php?aid=88574
2. The US Environmental Protection Agency (EPA) chief has said Carbon Dioxide isn't the main cause of climate change. https://www.scientificamerican.com/article/epa-chief-pruitt-refuses-to-link-co2-and-global-warming/

4. "IL RISCALDAMENTO GLOBALE NON È CAUSATO DAGLI ESSERI UMANI", AFFERMA UNA SPERIMENTAZIONE CON UNA RETE NEURALE (ANN).

Una rete neurale "auto-learning" ha suggerito che il riscaldamento globale è più probabile che sia il risultato di fluttuazioni naturali piuttosto che causato dalle azioni degli esseri umani.

Questo è quanto affermano gli scienziati John Abbot e Jennifer Marohasy, che hanno creato una rete neurale artificiale (ANN) per studiare i dati storici e vedere se le fluttuazioni di temperatura, dalla rivoluzione industriale fanno parte di una ampia tendenza naturale più ampia o di un'anomalia generata dall'uomo.

La ANN, che è una rete di apprendimento automatico, ha utilizzato misurazioni come gli anelli sugli alberi. i modelli di conchiglie di creature marine, ed altro, per calcolare le temperature globali dal periodo precedente l'inizio delle registrazioni ad oggi. Da notarsi infatti che la problematica che rivestono le valutazioni scientifiche circa il riscaldamento climatico attuale, riguardano la non possibilità di valutare in maniera affidabile (per ovvia mancanza di registrazioni dirette) le presunte temperature pre-industriali. La rete ANN ha indagato su cicli naturali; alcuni nell'arco di decenni, altri nel corso dei secoli e di millenni.

La rete di computer ha riferito che queste oscillazioni di temperature erano provocate dall'effetto composto di fenomeni naturali come i cambiamenti nei flussi d'acqua oceanici, l'attività solare e i vulcani. La macchina ha lavorato in particolare sul periodo dal 1880 ai giorni nostri - quando sono iniziate le emissioni industriali di anidride carbonica e metano – ed ha trovato corrispondenze con le sue proiezioni ricavate da modelli storici. La macchina identifica l'evidenza per la proiezione del modello ANN per il 20° secolo, e suggerisce che l'aumento della temperatura negli ultimi 100 anni può essere in gran parte attribuito a fenomeni naturali.

RIFERIMENTI

1. https://www.energylivenews.com/2017/08/25/global-warming-not-caused-by-humans-says-robot/
2. https://www.researchgate.net/publication/318931349_The_application_of_machine_learning_for_evaluating_anthropogenic_versus_natural_climate_change

5. RISCALDAMENTO CLIMATICO: QUALCUNO CI PRENDE IN GIRO!

E' logico, e urgente, per molti, che, per diminuire il riscaldamento climatico, si debba diminuire l'uso di combustibili fossili: ciononostante, anche se crescono da anni gli sbandieramenti di catastrofi imminenti e le preoccupazioni per il riscaldamento globale, le aziende energetiche stanno progettando di aumentare sempre di più la produzione di combustibili fossili.

Vediamo intanto alcune errate previsioni del passato:

Era l'aprile del 1968, 52 anni fa, quando nacque il "Club di Roma"(1). I fondatori decisero di investire fondi per realizzare una serie di rapporti sui "dilemmi dell'umanità" analizzati scientificamente nelle cause e nelle possibili soluzioni. Per farlo decisero di finanziare le ricerche di un gruppo di scienziati del Massachusetts Institute of Technology (MIT). Questi elaborarono un modello computerizzato e un rapporto per prevedere le conseguenze ambientali ed economiche della crescita incontrollata della popolazione e della produzione industriale.

Il "Club di Roma" fu un flop per alcuni; un tentativo di truffa intellettuale per altri. Le posizioni critiche dei contenuti dei Limiti dello Sviluppo, che fu il titolo del loro rapporto, aumentarono, infatti, sino a mettere sotto accusa il Club di Roma, ritenendo che il loro vero scopo fosse "quello di organizzare la propaganda sulla crisi ambientale e sfruttare quest'ultima per giustificare la centralizzazione del potere (secondo il paradigma problema-reazione-soluzione), la soppressione dello sviluppo industriale sia in Occidente che nel Terzo Mondo, ed il controllo della popolazione mediante l'eugenetica." E sino ad arrivare a definire il Club di Roma un' impostura.

NAZIONI UNITE (AP) 30 giugno 1989 (2), 31 anni fa. Un alto funzionario ambientale delle Nazioni Unite affermò che intere nazioni avrebbero potuto essere spazzate via dalla faccia della Terra dall'innalzamento del livello del mare, se la tendenza al riscaldamento globale non veniva invertita entro il 2000. Questo funzionario, Noel Brown, direttore dell'ufficio di New York del Programma Ambientale delle Nazioni Unite, dichiarò anche che inondazioni costiere e inaridimenti delle colture avrebbero creato, nel futuro prossimo, un esodo di "rifugiati ecologici", minacciando il caos politico. Egli affermò che i governi hanno una finestra di 10 anni di opportunità per risolvere l'effetto serra prima che vada oltre il controllo umano.

(17 Novembre 2007), 13 anni fa. Nella sua relazione di sintesi scientifica definitiva, il Gruppo Intergovernativo di esperti sui Cambiamenti Climatici (IPCC) (3) lanciò una più forte richiesta di intervento immediato per salvare l'umanità dalle conseguenze mortali delle sfrenate emissioni di gas serra. Questo rapporto - firmato da 130 nazioni tra cui Stati Uniti e Cina – chiudeva la porta (si asseriva) su qualsiasi argomento per giustificare ritardi, e chiariva che in nessun caso dobbiamo ascoltare coloro che esortano ad aspettare.

Vediamo ora alcune prese in giro presenti e future:

In America, la più grande economia del mondo e il suo secondo più grande inquinatore, i cambiamenti climatici stanno diventando difficili da ignorare. Nel novembre 2019 gli incendi hanno bruciato la California; lo scorso inverno

Chicago sembrava più fredda, dicono, di alcune parti di Marte. Gli scienziati diffondono oggi allarmi a piene mani (in realtà altri affermano che il riscaldamento climatico è un fattore ciclico e altri che non è dovuto alla CO_2, come visto nel precedente paragrafo): il 73% degli americani intervistati dalla Yale University alla fine dell'anno scorso ha affermato che il cambiamento climatico è reale. La sinistra del Partito Democratico ha lanciato il "New Deal verde" al centro delle elezioni del 2020. L'anno scorso sono state chiuse circa 20 miniere di carbone. I gestori di fondi spingono le aziende a diventare più ecologiche. Warren Buffett (4) sta investendo 30 miliardi di $ nell'energia pulita e Elon Musk ha in programma di riempire le strade di auto elettriche.

Eppure in mezzo a tutto questo clamore c'è un'unica verità stridente. La domanda di petrolio è in aumento e l'industria energetica, in America e nel mondo, sta pianificando investimenti multimiliardari e crescenti per soddisfarla.

Nessuna azienda incarna questa strategia meglio di Exxon Mobil, (5) il gigante che i rivali ammirano e gli attivisti verdi odiano. Essa prevede di pompare il 25% in più di petrolio e gas entro il 2025 rispetto al 2017. Se il resto del settore persegue una crescita anche modesta, le conseguenze per il clima, se fosse vero ciò che affermano i "green", potrebbero essere disastrose.

Per gran parte del XX secolo, le cinque major petrolifere - Chevron, Exxon Mobil, Royal Dutch Shell, BP e Total - hanno avuto più influenza di alcuni piccoli stati. Oggi, sebbene il potere delle major sia leggermente calato, esse definiscono e pilotano quasi tutte le strategie delle aziende energetiche mondiali; anche delle più piccole (che controllano comunque un altro quarto degli investimenti). E milioni di pensionati e altri risparmiatori si affidano ai loro profitti: delle 20 aziende che pagano i maggiori dividendi in Europa e in America, quattro sono major.

Nel 2000 BP promise di " andare oltre il petrolio" e, alla luce di ciò, anche altre major sono effettivamente cambiate. Tutte affermano di sostenere l'accordo di Parigi per limitare i cambiamenti climatici e tutte stanno investendo in energie rinnovabili come il solare. Shell ha recentemente affermato che avrebbe frenato le emissioni dei suoi prodotti.

Però, alla fine, si dovrebbero giudicare le aziende da ciò che fanno, non da quello che dicono.

Secondo ExxonMobil, la domanda globale di petrolio e gas aumenterà del 13% entro il 2030 (anche per l'aumento di popolazione e l'aumento di nuove tecnologie consumatrici di energia). E questo tiene conto di recuperi di efficienza e risparmi, senza i quali la domanda di energia sarebbe doppia (ultimo grafico a destra, del 2014, ma la situazione non era molto cambiata prima della pandemia Covid).

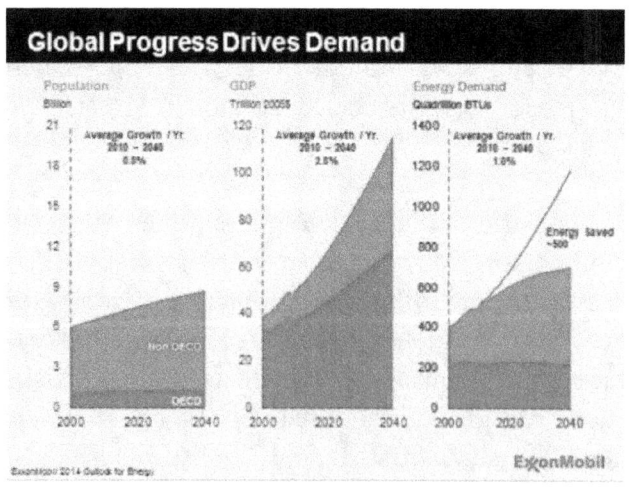

Se è vero, tutte le major, e non solo ExxonMobil, devono giocoforza espandere la propria produzione. Contemporaneamente, però, le compagnie petrolifere, direttamente o attraverso gruppi commerciali o di lobby, fanno pressioni contro misure che limiterebbero le emissioni.

Abbiamo quindi un problema. Il problema è che, secondo una valutazione dell'IPCC, Ente Intergovernativo per la Scienza del Clima, la produzione di petrolio e gas deve diminuire di circa il 20% entro il 2030 e di circa il 55% entro il 2050, al fine di arrestare l'innalzamento della temperatura della Terra di oltre 1,5 ° C al di sopra del suo livello preindustriale. Ma pare che nessuno abbia voglia, o almeno preveda, di diminuire la produzione; anzi, prevedono di aumentarla.

Nel grafico seguente faccio anche vedere le previsioni della European Environment agency. Ovviamente non si cita, come energia, quella elettrica separatamente, poiché è prodotta con altri combustibili, in buona parte fossili.

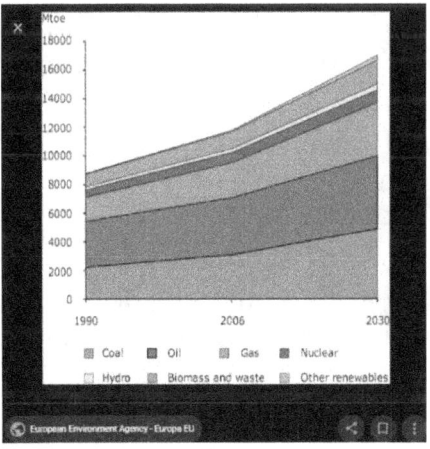

Concludiamo da ciò che le imprese energetiche devono quindi essere considerate immorali e da combattere? No;

semplicemente stanno rispondendo alle regole del mondo finanziario. I rendimenti finanziari del petrolio sono infatti superiori a quelli delle energie rinnovabili. Per ora, la domanda mondiale di petrolio stava crescendo, prima del Covid, dell'1-2% all'anno, simile alla media degli ultimi cinque decenni; e, si noti, la tipica major deriva una minoranza del suo valore di borsa attuale dai profitti che realizzerà dopo il 2030. Per quanto le major siano diffamate dai guerrieri del clima, (molti dei quali guidano automobili e prendono aerei) dobbiamo ricordare che non è solo legale per loro massimizzare i profitti, è anche un requisito che i loro azionisti richiedono sia rispettato.

Alcuni sperano che le compagnie petrolifere si dirigano gradualmente verso una nuova direzione, ma ciò sembra solo una ottimistica speranza; perché sarebbe avventato fare affidamento su innovazioni brillanti per salvare la situazione. Gli investimenti globali nelle energie rinnovabili, circa 300 miliardi di $ all'anno, sono molto meno di ciò che viene impegnato nei combustibili fossili alla ricerca di migliori metodi di estrazione. Anche nel settore automobilistico, dove sono oggi prodotte decine di modelli elettrici, circa l'85% dei veicoli dovrebbe ancora utilizzare motori a combustione interna nel 2030 (e comunque l'elettricità si produrrà in buona parte col petrolio).

Allo stesso modo, il boom degli investimenti etici. Fondi con un patrimonio di 32 miliardi di $ si sono uniti per fare pressione sui maggiori produttori petroliferi del mondo. I gestori di questi fondi, di fronte a un possibile crollo delle loro attività tradizionali, sono in realtà lieti di vendere prodotti ecologici che, comportano commissioni più elevate. Ma pochi grandi gruppi di investimento hanno scaricato le quote delle grandi aziende energetiche. Nonostante molta pubblicità, i recenti impegni delle compagnie petrolifere nei confronti degli investitori verdi rimangono modesti.

E non ci si aspetti molto dai tribunali. Gli avvocati stanno portando avanti ondate di azioni legali accusando le compagnie petrolifere di tutto: dall'ingannare il pubblico, all'essere responsabili dell'innalzamento del livello del mare. Alcuni pensano che le compagnie petrolifere subiranno lo stesso destino delle aziende del tabacco, che hanno dovuto affrontare enormi procedimenti legali negli anni '90. Dimenticano, però, queste persone, che il consumo di tabacco è, in buona misura, ancora in attività.

A tutti questi problemi si aggiunge quello della Pandemia Covid, che sicuramente decrementerà l'uso del petrolio. Il problema è che comunque limiterà, per penuria di cassa, gli investimenti speculativi in progetti di energie alternative, sulle quali non c'è ancora certezza circa i ritorni finanziari. Giudicate voi se possiamo fidarci delle previsioni circa l'utilizzo di energie alternative a quelle fossili.

Comunque adesso gli esperti climatici affermano che i prossimi 15 anni saranno fondamentali per il cambiamento climatico. Però, se gli innovatori, gli investitori, i tribunali e l'interesse personale delle aziende non possono frenare i combustibili fossili, allora l'onere dovrà probabilmente ricadere sul sistema politico; che avrà (come già ha) la responsabilità di garantire però anche l'eguaglianza sociale e di qualità della vita. Cose che verrebbero messe a rischio dal freno sugli investimenti energetici.

La chiave sarà forse mostrare agli elettori che la riduzione delle emissioni è pratica e non causerà disuguaglianze. Sebbene, però, l'emergente "Green New Deal" aumenti la consapevolezza, quasi certamente non supera il test di "praticità", poiché si basa su una massiccia espansione della spesa pubblica e della pianificazione centrale. Si potrebbero tassare le emissioni di carbonio; ma i gilet jaunes in Francia hanno mostrato quanto possa essere difficile.

Nell'attesa, quindi, che la data del Giudizio Universale, (speriamo) venga spostata ancora in avanti, al momento pare comunque che l'unico lato positivo di questo battage, sia la generale sensibilità all'eliminazione dei rifiuti, plastica in testa. Il che non è male comunque.

COVID-19 PRESENTA SIA UN'OPPORTUNITÀ CHE UNA MINACCIA NEL SETTORE DELLE ENERGIE RINNOVABILI

La rapida diffusione della pandemia ha già colpito ogni parte del paese e, negli USA, la Solar Energy Industries Association (SEIA), una delle più grandi al mondo, ha avvertito che la crisi potrebbe far perdere al settore dell'energia solare circa la metà della sua forza lavoro. I posti di lavoro, infatti, sono particolarmente a rischio in questo settore, dove l'interazione da persona a persona richiesta per le installazioni residenziali, ad esempio, non è spesso consentita a causa di misure di allontanamento sociale.

Inoltre, molti progetti di stoccaggio dell'energia sono già in ritardo e il settore dell'energia eolica sta subendo interruzioni nella sua catena di approvvigionamento e rischia di perdere un terzo della sua forza lavoro.

Ricordare inoltre che in molte nazioni le energie rinnovabili si sostengono ancora con il finanziamento pubblico, che, a sua volta, è ottenuto "tassando" in parte i combustibili fossili. Se diminuirà l'uso di questi ultimi, è verosimile che verrà anche a diminuire la disponibilità di finanziamento per le rinnovabili. E molti governi non hanno ancora rinnovato i finanziamenti del settore, come i pagamenti per mantenere le aziende in crescita o i crediti d'imposta sugli investimenti estesi.

RIFERIMENTI

1. https://ilbolive.unipd.it/it/news/club-roma-50-anni-dopo-stessi-dilemmi
2. https://www.apnews.com/bd45c372caf118ec99964ea547880cd0
3. https://thinkprogress.org/absolute-must-read-ipcc-report-debate-over-further-delay-fatal-action-not-costly-b87af244a16b/
4. Buffett è chiamato "l'oracolo di Omaha" oppure "il mago di Omaha", per la sua sorprendente abilità negli investimenti finanziari e nel predire guadagni ed eventuali, seppur limitate, perdite.
5. https://www.economist.com/leaders/2019/02/09/the-truth-about-big-oil-and-climate-change

6. L'INQUINAMENTO DELLE AUTO ELETTRICHE: AVREMO ARIA PULITA IN CAMBIO DI ACQUA SPORCA?

Cosa lega la batteria del nostro smartphone con uno yak morto e che galleggia in un fiume tibetano? La risposta è il litio, il metallo alcalino che alimenta i nostri telefonini, tablet, laptop e auto elettriche.

Nel maggio 2016, centinaia di manifestanti gettarono pesci morti sulle strade di Tagong, una città sul bordo orientale dell'altopiano tibetano. Li avevano pescati dal fiume Liqi, dove una perdita di sostanze chimiche tossiche dalla miniera di litio Ganzizhou Rongda aveva devastato l'ecosistema locale.

Ci sono immagini di masse di pesci morti sulla superficie del torrente. Alcuni testimoni oculari riferirono di aver visto carcasse di mucche e yak galleggianti a valle, morti per aver bevuto acqua contaminata. Fu il terzo incidente di questo tipo nell'arco di sette anni in un'area che ha visto un forte aumento dell'attività mineraria, comprese le operazioni gestite da BYD, il principale fornitore mondiale di batterie agli ioni di litio per smartphone e auto elettriche.

Le batterie agli ioni di litio sono oggi una componente fondamentale per frustrare gli sforzi per ripulire il pianeta. La batteria di una Tesla Model S contiene circa 12 chilogrammi di litio, mentre le soluzioni di stoccaggio di energia in batterie poste nelle centrali elettriche di energie rinnovabili, ne richiederebbero molto di più.

Un po' come cadere dalla padella nella brace.

La domanda di litio aumenta in modo esponenziale e ha raddoppiato il prezzo tra il 2016 e il 2018. Secondo la Energy Research Advisors, l'industria degli ioni di litio dovrebbe crescere da 100 gigawattora (GWh) di produzione annuale nel 2017 a quasi 800 GWh nel 2027.

Questo senza tener conto che il governo cinese ha annunciato una grande spinta verso i veicoli elettrici nel suo 13° piano quinquennale. Ciò comporterà un aumento massiccio del numero di progetti per l'estrazione del litio.

E quindi abbiamo un problema: mentre il mondo si sforza di sostituire i combustibili fossili con energia pulita, l'impatto ambientale derivante dalla ricerca di tutto il litio necessario per consentire tale trasformazione potrebbe vanificare molti di questi sforzi: avremo (forse) aria pulita; in cambio di acqua sporca.

Vediamo perché.

In Sud America, il problema più grande è l'acqua. Il "triangolo del litio" del continente, che copre parti dell'Argentina, della Bolivia e del Cile, detiene più della metà del fabbisogno mondiale di metallo sotto le sue saline sotterranee. È anche uno dei luoghi più aridi della terra. Questo è un vero problema, perché per estrarre il litio, i minatori iniziano perforando un foro nelle saline e pompandovi acqua, per ottenere il rigetto in superfice di salamoie saline ricche di minerali.

Salar de Uyuni, Bolivia. I lavoratori perforano la crosta del più grande giacimento di litio al mondo. Puntano all'ottenimento di una salamoia sotterranea, che, oltre al litio contiene magnesio e potassio. A partire dagli anni 2000, la maggior parte del litio mondiale è stato estratto in questo modo (piuttosto che estrarlo da minerali come spodumene, petalite e lepidolite).

Poi lasciano evaporare questa salamoia per mesi; creando dapprima una miscela di manganese, potassio, borace e sali di litio che viene poi filtrata e posta in un'altra pozza di evaporazione, e così via. Dopo 12-18 mesi, la miscela è stata filtrata a sufficienza da poter estrarre il carbonato di litio: l'oro bianco.

Si pensa che il terreno al di sotto delle saline della Bolivia contenga le maggiori riserve mondiali del metallo. (Le Ande boliviane possono contenere il 70% del litio del pianeta.) Molti analisti sostengono che estrarre il litio dalla salamoia sia più ecologico che dalla roccia.

Il processo è relativamente economico ed efficace, ma utilizza molta acqua; circa 2 milioni di litri per tonnellata di litio. Nel Salar de Atacama, in Cile, le attività estrattive consumano il 65 per cento dell'acqua della regione. Ciò sta avendo un grande impatto sugli agricoltori locali che coltivano quinoa e allevano mandrie di lama; in un'area in cui le comunità dovevano già far arrivare l'acqua da altrove.

C'è anche poi il potenziale inquinamento, come è successo in Tibet, dato dal rischio che le sostanze chimiche tossiche fuoriescano dai bacini di evaporazione e invadano la riserva idrica. Queste includono sostanze, tra cui l'acido cloridrico, che sono utilizzate nella lavorazione del litio in una forma che può essere venduta; così come i prodotti di scarto che vengono filtrati nelle fasi di lavorazione.

In Australia e Nord America, il litio viene estratto dalle

rocce utilizzando metodi più tradizionali, ma richiede comunque l'uso di sostanze chimiche per estrarlo in forma utile. La ricerca in Nevada ha rilevato impatti sui pesci fino a 150 miglia a valle da un'operazione di trattamento del litio.

Secondo un rapporto di Friends of the Earth, l'estrazione del litio danneggia inevitabilmente il suolo e causa la contaminazione dell'aria. Nel Salar de Hombre Muerto, in Argentina, gli abitanti del luogo sostengono che le operazioni per il litio hanno contaminato i flussi utilizzati dall'uomo e dal bestiame e per l'irrigazione delle colture. In Cile ci sono stati scontri tra compagnie minerarie e comunità locali, che affermano che l'estrazione di litio sta lasciando il paesaggio devastato da montagne di sale scartato e canali riempiti con acqua contaminata con una tonalità blu innaturale.

Ma il litio potrebbe non essere l'ingrediente più problematico delle moderne batterie ricaricabili. È relativamente abbondante e in teoria potrebbe essere generato dall'acqua di mare in futuro; anche se attraverso un processo ad alta intensità energetica (con rilascio di CO_2...).

Altri due ingredienti chiave, il cobalto e il nichel, rischiano, forse più del litio, di creare un collo di bottiglia nell'evoluzione verso veicoli elettrici e un costo ambientale potenzialmente enorme.

Il cobalto si trova in grandi quantità in tutta la Repubblica Democratica del Congo e nell'Africa Centrale, e difficilmente altrove. Il suo prezzo è quadruplicato negli ultimi due anni.

A differenza della maggior parte dei metalli, che non sono tossici quando vengono estratti dal terreno come minerali metallici, il cobalto è "eccezionalmente terribile".

Uno dei problemi del cobalto è che si trova, per lo più, nella sola area del globo sopra menzionata. Lì puoi letteralmente scavare la terra con le mani e trovare il cobalto; quindi c'è forte motivazione a cercarlo e venderlo; con il risultato che ci sono molte motivazioni per comportamenti non sicuri e non etici. Il Congo ospita "miniere artigianali", dove il cobalto viene estratto dal terreno proprio a mano, spesso usando lavoro minorile, senza equipaggiamento protettivo.

In un recente articolo sulla rivista Nature, alcuni esperti hanno sostenuto che è necessario sviluppare nuove tecnologie per le batterie che utilizzano materiali più comuni ed ecocompatibili per produrre batterie. I ricercatori stanno lavorando su nuove batterie chimiche che sostituiscono il cobalto e il litio con materiali più comuni e meno tossici.

Ma, se le nuove batterie, come pare, vengono ad essere meno energetiche e più costose del litio, potrebbero finire per avere un effetto negativo sull'ambiente in generale. Valutare e ridurre il costo ambientale è un problema più complesso di quanto non sembri inizialmente. Ad esempio, un dispositivo meno durevole, ma più sostenibile, potrebbe comportare un'impronta di carbonio più ampia a causa della necessità di più ampi fattori di progettazione, trasporto e l'imballaggio.

Riciclare il litio?

Presso l'Università di Birmingham, la ricerca finanziata dalla Faraday Challenge del governo inglese con 246 milioni di sterline per la ricerca sulle batterie, sta cercando di trovare nuovi modi per riciclare gli ioni di litio; ciò visto che una ricerca in Australia ha rilevato che solo il 2% delle 3.300

tonnellate di rifiuti di litio prodotti ad oggi sono state riciclate

Innanzitutto smantellarle: Un consorzio di ricercatori, guidato dal Birmingham Energy Institute, sta utilizzando la tecnologia robotica sviluppata per le centrali nucleari per trovare modi per rimuovere e smantellare in sicurezza le cellule potenzialmente esplosive agli ioni di litio dei veicoli elettrici. Infatti si sono verificati diversi incendi negli impianti di riciclaggio in cui le batterie agli ioni di litio sono state immagazzinate in modo improprio, in attesa di riciclo.

Poi capire se soro riutilizzabili: poiché i catodi di litio si degradano nel tempo, non possono essere semplicemente inseriti in nuove batterie (anche se alcuni sforzi sono in corso per utilizzare batterie vecchie per applicazioni di accumulo di energia in cui la densità di energia sia meno critica). Ma questo è il problema con il riciclo di qualsiasi tipo di batteria elettrochimica: non si sa a che punto sia nella sua vita.

Il vero problema è che non si sa bene di cosa siano fatte: La vera barriera è che i produttori si guardano bene dal rivelare ciò che effettivamente entra nelle loro batterie, il che rende più difficile riciclarle correttamente. Al momento le cellule recuperate vengono di solito triturate, creando una miscela di vari metalli che può essere separata usando tecniche pirometallurgiche: ossia usando combustione. Ma questo metodo spreca molto del litio; ed è pericoloso se non si conoscono bene tutti i componenti.

Ricercatori britannici stanno studiando tecniche alternative, tra cui il riciclaggio biologico in cui i batteri vengono utilizzati per elaborare i materiali; assieme a tecniche idrometallurgiche, che utilizzano soluzioni di sostanze chimiche in modo simile a come il litio viene estratto dalla salamoia illustrata sopra.

Si tratta in pratica di creare processi per accompagnare le batterie agli ioni di litio in modo sicuro durante tutto il loro ciclo di vita; assicurandoci di non estrarre litio dalla terra inutilmente, considerando che tutti i materiali di queste batterie hanno già provocato un impatto ambientale e sociale nella loro estrazione.

RIFERIMENTI

1. https://www.engineering.com/ElectronicsDesign/ElectronicsDesignArticles/ArticleID/17435/Will-Your-Electric-Car-Save-the-World-or-Wreck-It.aspx
2. https://www.bloomberg.com/news/articles/2018-10-16/the-dirt-on-clean-electric-cars
3. https://www.dw.com/cda/en/how-eco-friendly-are-electric-cars/a-19441437

7. LE AUTO ELETTRICHE METTERANNO IN GINOCCHIO LA RETE ELETTRICA?

Sappiamo che i motori elettrici sono più efficienti dei motori a combustibile fossile. Ma il grosso problema energetico, dal punto di vista della necessità di nuove centrali elettriche, non è il consumo medio o totale di energia, ma il carico di punta.

I tempi di ricarica, sempre più rapidi, per le auto elettriche, generano molto entusiasmo; ma ciò che sembra essere poco considerato è che possono portare a una quantità favolosa di domanda di picco di elettricità.

Se si carica un'automobile elettrica che ha una capacità della batteria di 25 kWh durante 8 ore, è sufficiente una potenza di 3 kW circa.. Se invece si carica la stessa batteria in soli 10 minuti, c'è bisogno di una potenza di 155 kW.

Quante centrali elettriche aggiuntive dobbiamo costruire se introduciamo auto elettriche su larga scala? Secondo i sostenitori della ecosostenibilità delle auto elettriche nessuna: i veicoli elettrici possono essere caricati di notte. Molte centrali elettriche hanno infatti un surplus di energia durante la notte perché la domanda è bassa. E' proprio vero?

Nel dicembre 2006, uno studio (1) presso il Laboratorio Nazionale del Nord-Ovest degli Stati Uniti affermò che la produzione di elettricità e la capacità di trasmissione fuori picco potevano alimentare l'84% dei 220 milioni di automobili del paese, se queste fossero state convertite in ibridi plug-in.

Poi un aggiustamento: nel giugno 2007, un altro studio del governo degli Stati Uniti concluse che il 73% della flotta di veicoli leggeri statunitensi esistenti poteva essere alimentata con capacità elettrica disponibile fuori picco, se trasformata in ibridi plug-in .

Nel marzo 2008, però, uno studio dell'Oak Ridge National Laboratory affermò che, se il 25% della flotta statunitense fosse stata sostituita da ibridi plug-in (previsione per il 2030), sarebbe necessario costruire otto nuove grandi centrali elettriche, supponendo che tutte queste auto fossero messe in carica dopo le 22.

Sono tutti studi un po' datati; ma qualcosa non torna comunque, anche se la tecnologia, in 10 anni, ha fatto passi da gigante, e ciò che non torna è abbastanza matematico. Vediamo cosa:

Ibride plug-in contro auto full electric:

Innanzitutto, la prima difficoltà nel ragionamento è che questi studi parlano di ibridi plug-in, e non di auto elettriche (intendo "full-electric").

Gli ibridi plug-in hanno batterie più piccole rispetto alle auto completamente elettriche: la capacità della batteria va da 5 a 25 kWh, rispetto a 10-50 kWh per un'automobile completamente elettrica.

Ricarica di notte?

Le auto elettriche non hanno il backup di un motore a benzina e necessitano di un'infrastruttura di stazioni di rifornimento per le distanze più lunghe. Quindi, se facciamo i nostri calcoli di necessità di energia, basandoci solo sulla ricarica di notte, abbiamo sbagliato i nostri conti, perché questa ricarica può andare bene per le auto ibride; e non per le "full-electric".

Se consideriamo, poi, la "ricarica di notte", dobbiamo osservare che molte persone non hanno la possibilità di caricare i loro veicoli a casa; non tutti hanno un garage. Ciò significa che, se vogliamo dare la possibilità di ricarica notturna, dobbiamo prevedere di costruire un'infrastruttura capillare di punti di ricarica lungo i marciapiedi delle città.

Caricare, quindi, le auto elettriche di notte (con l'elettricità fuori picco) potrebbe limitare la necessità di nuove centrali elettriche, ma è tutt'altro che pratico.

In altre parole, è un'illusione pensare che tutte le auto elettriche saranno caricate di notte. Una quantità considerevole di loro forse, ma non tutte. E, non importa quanto sia piccola la quantità di auto che necessitano di ricarica durante il giorno, abbiamo comunque bisogno di un'infrastruttura complessa di punti di ricarica in tutte le città e pacsi.

Lo studio dell'Oak Ridge National Laboratory ha anche calcolato cosa accadrebbe se tutti i veicoli plug-in venissero caricati alle 17:00 invece che dopo le 22:00. In questo scenario peggiore, gli Stati Uniti avrebbero bisogno di costruire 160 "grandi" centrali elettriche (e la relativa infrastruttura di distribuzione, ovviamente).

Nota: tutto questo studio di "ricarica di notte" riguarda, però, quasi solo, o soprattutto, ibridi plug-in, non le auto completamente elettriche, e riguarda comunque una penetrazione del solo 25 percento di auto ibride per il 2030, non del 100 percento.

Una conversione completa agli ibridi plug-in richiederebbe quindi 640 centrali elettriche di grandi dimensioni. I ricercatori non specificano ciò che considerano una "grande" centrale elettrica, ma deve essere di circa 1GW, che ci conduce alla necessità di un altro 640 GW di centrali elettriche. Questo è quasi un aumento del 65% della capacità di generazione elettrica degli Stati Uniti esistente . E ricordo: stiamo solo ancora parlando di ibridi plug-in e non di full-electric.

Quindi questo sarebbe lo scenario apparentemente peggiore preso in considerazione dai ricercatori: in cui tutti i conducenti inseriscono le loro auto ibride nello stesso momento e nel momento peggiore possibile della giornata. E poiché questo non accadrà mai; i ricercatori sono abbastanza confidenti.

Invece, non è lo scenario peggiore. C'è un altro scenario che è molto peggiore e non è stato considerato dai ricercatori: una flotta di auto completamente elettriche a ricarica rapida.

Parliamoci chiaro: un veicolo che richieda da 6 a 12 ore di ricarica per guidare solo 1 o 2 ore non attrarrà mai la maggior parte del pubblico. L'automobile rappresenta la libertà di movimento, quindi le auto elettriche non prenderanno mai veramente piede a meno che non abbiano un tempo di ricarica simile a quello di un'automobile a benzina.

I produttori di auto elettriche e di batterie lo sanno, ed è per questo che la maggior parte di loro sta spingendo per avere tempi di ricarica sempre più brevi. Ciò, combinato con un'infrastruttura capillare di punti di ricarica, supererebbe in gran parte il problema della limitata autonomia.

Diversi produttori e ricercatori hanno già annunciato tempi di ricarica di 30 minuti o meno, il che porterebbe il tempo di rifornimento elettrico abbastanza vicino a quello di un'automobile a benzina o gasolio.

I tempi di ricarica sempre più rapidi generano molto entusiasmo, ma ciò che sembra essere non considerato è che essi hanno un prezzo: si deve pompare più energia in un tempo più breve, il che porta a una quantità favolosa di potenza di picco necessaria.

E non puoi risolvere questo problema con batterie migliori, anzi, puoi solo peggiorare le cose

Se si carica un'auto elettrica con la capacità della batteria di 25 kWh nell'arco di 8 ore, essa ha bisogno di una potenza di 3,125 kW (3,1 kW x 8 ore = 25 kWh). Se si carica la stessa auto in soli 20 minuti, è necessaria una potenza di 75 kW (75 kW x 0,33 ore = 25 kWh).

Per semplificare, questo può corrispondere alla necessità di energia di 220 televisori al plasma da 340 watt ciascuno. Questa quantità di energia è richiesta per un periodo più breve, ma deve essere disponibile.

Se si riduce il tempo di ricarica a 10 minuti, l'energia richiesta sarà 155 kW (155 kW x 0,16 ore = 25 kWh). Ciò equivale a 450 televisori al plasma. Pertanto: più si riduce il tempo di ricarica, più sarà necessaria una più alta quantità di energia disponibile. Magari disponibile per meno tempo; ma deve essere disponibile.

E' chiaro, quindi, come i tempi di ricarica veloci, anche se sono utilizzati solo da un numero relativamente piccolo di conducenti, saranno possibili solo con un'estensione massiccia della capacità di generazione di elettricità. E questo per far fronte alle necessità di "picco".

Bisogna dimensionare, quindi, le centrali per le esigenze "di picco"

Facciamo l'esempio degli USA: ci sono 220 milioni di auto private. Se la flotta completa venisse commutata in full-electric e collegata allo stesso tempo, avrebbe bisogno di 34.000 GW; ossia 34 volte la capacità di generazione elettrica esistente negli Stati Uniti. Però, si dirà, non accadrà mai che tutte queste auto vengano collegate contemporaneamente.

Giusto, però, andiamo con ordine: la ricarica di soli 6.500 di questi veicoli (0,003%) simultaneamente in 10 minuti richiederebbe una produzione di energia paragonabile a quella di una grande centrale elettrica.

Se una su mille di queste auto (lo 0,1% dei 220.000 veicoli) viene caricata simultaneamente in 10 minuti, avranno bisogno di 34 GW. E una su 100 macchine caricate simultaneamente richiederà una produzione di energia totale di 340 GW.

Non ci sarà bisogno di centrali aggiuntive?

Ricordo, infatti, ce ne fosse bisogno, che il giusto calcolo della domanda di energia non è solamente il numero di autovetture che verranno caricate insieme in media durante il giorno, ma anche quante di esse verranno caricate insieme in qualsiasi momento possibile della giornata, del mese o dell'anno. Infatti, per dimensionare una centrale, non importa tanto, solo, la necessità media di energia che deve erogare; ma anche quella di picco. Altrimenti la centrale, di fronte ad una necessità di picco superiore, si blocca. Oppure taglia utenze, in genere senza preavviso (come succede talvolta d'estate per colpa dell'aria condizionata...).

Migliori batterie?

L'infrastruttura di ricarica (centrali e colonnine di ricarica), quindi, per essere efficiente, deve essere dimensionata per la massima richiesta possibile, (ad esempio quando tutti vogliono andare in auto in occasione di un grande evento sportivo; magari usando la stessa autostrada...).

Difficile aggirare questo problema. E non si può risolverlo con una tecnologia migliore delle batterie (2), anzi, puoi solo peggiorarla. Migliori batterie con capacità più elevate possono ridurre la quantità di arresti nei punti di ricarica, ma aumentano la quantità di potenza richiesta per una

Ma gli altri trasporti elettrici non hanno lo stesso problema? No: Il problema fondamentale è che le auto elettriche sono wireless (3). Treni, tram e filobus non hanno questi problemi, semplicemente perché non hanno bisogno di una batteria. Il loro consumo di energia è distribuito uniformemente sul loro tempo di funzionamento.

Scambiare le batterie?

C'è un modo (teorico) per aggirare il problema del chilometraggio delle auto elettriche e dei picchi energetici richiesti: fare batterie sostituibili con quelle caricate in precedenza. Un po' come si scambiavano i cavalli nelle stazioni di posta nel 1800, per avere cavalli freschi. Ciò significherebbe che le batterie potrebbero essere caricate di notte nelle stazioni di rifornimento, e quindi fornire energia istantanea durante il giorno; senza generare necessità energetiche di picco.

Ci sono però dei problemi in proposito:

In primo luogo, non stiamo parlando della batteria di un lap-top, portatile. I pacchi batteria delle auto elettriche possono pesare da 100 a 500 chilogrammi, il che significa che si creerebbe il bisogno di apparati elettromeccanici per estrarle e inserirle. Inoltre, al momento, le batterie non sono sempre posizionate in modo da poterle facilmente scambiare: in molte auto elettriche sono sotto il pavimento, per ottimizzare la distribuzione del peso e il centro di gravità.

In secondo luogo, tutte le batterie dovrebbero avere connettori standard, e il raggiungimento di tale standard è, al momento, non allo studio.

Come dicevo: alcuni degli studi citati sono datati; ma la "matematica" sembra questa.

Un possibile modo di ovviare al problema è di non fare affidamento sulle classiche centrali di energia per alimentare le colonnine di ricarica; ma di alimentarle ad energia fotovoltaica. Alcune di queste colonnine sono già in funzione così; ma mi pare che la tecnologia oggi disponibile in merito non sia il meglio per una ricarica rapida di molti veicoli "full-electric".

E per quanto riguarda l'italia?

Per quanto riguarda il nostro paese non siamo messi bene. Per semplificare: abbiamo una cattiva notizia e una buona. La cattiva è che, non essendo autosufficienti come energia elettrica, se dovessimo necessitare di ulteriore elettricità per il fabbisogno autoveicolistico, dovremmo comprarla all'estero. E considerando che abbiamo già le bollette più care d'Europa, mi chiedo quanto felici saremmo di questi possibili, magari sostanziosi, rincari. La "buona" è che sposteremmo l'inquinamento da carburante all'estero; verso quelli che ci vendono elettricità. Come la Francia.

Ma forse, l'unica soluzione ecosostenibile per il trasporto futuro è lasciare l'auto del tutto e salire su un tram o su un treno; oppure su una bici. Magari elettrica.

E all'alba del 2021 si fanno comunque strada i motori all'idrogeno: ancora un lusso per pochi.

RIFERIMENTI

1. https://www.treehugger.com/cars/report-us-power-grid-can-fuel-180-million-electric-cars.html
2. https://www.greentechmedia.com/articles/read/electric-car-firms-push-alternative-to-project-better-places-idea-892#gs.12xzka
3. https://www.lowtechmagazine.com/2008/01/bumper-cars-o-1.html
4. https://www.zdnet.com/article/hybrid-cars-and-the-power-grid/

CAPITOLO IV

ALTA VELOCITA': GIOIE E DOLORI

SIAMO TUTTI CONSCI DEI TEMI POLITICI CHE HANNO RIGUARDATO LA TAV IN ITALIA. VEDREMO IN QUESTO CAPITOLO COME LE PRESSIONI POLITICHE POSSANO, NEL BENE E NEL MALE, PREVARICARE LE VALUTAZIONI TECNICO-ECONOMICHE. E MAGARI DANNEGGIARE LE STRUTTURE ESISTENTI.

I sostenitori dell'alta velocità ritengono che sia necessario soddisfare la domanda di viaggi in rapida crescita. La ferrovia ad alta velocità fornirà il mezzo di trasporto più verde, sicuro ed efficiente. L'investimento fornirà un forte impulso alle imprese e all'economia; i collegamenti ferroviari più veloci contribuiranno a ridurre il divario nord-sud e a superare le la non sostenibilità ambientale dell'uso dell'auto.

Gli oppositori della ferrovia ad alta velocità sostengono invece che si tratta principalmente di progetti non necessari, che non possono essere giustificati dato l'enorme costo coinvolto. I critici sostengono che ci sono priorità molto più urgenti come progetti stradali e ferroviari su piccola scala che aiutano a far fronte alle strozzature minori. Inoltre, gli oppositori sono spesso motivati dall'impatto della nuova ferrovia sull'ambiente.

1. L' "ALTA VELOCITÀ" IN EUROPA: UN MOSAICO DI INEFFICIENZA TECNICA E DI COSTI

Nel giugno 2018 la Corte dei Conti Europea (ECA) ha pubblicato una relazione sull'alta velocità ferroviaria nell'UE (1). Questa relazione ha definito questo progetto di rete di 10.000 km, come un "inefficace mosaico di linee nazionali senza alcun adeguato coordinamento transfrontaliero". Per produrre questo rapporto i revisori dell'ECA hanno analizzato la spesa prevista per il 50% delle linee e visitato Francia, Spagna, Italia, Germania, Portogallo e Austria.

Spiego in questo paragrafo perché l'ECA è stata costretta a produrre una valutazione così negativa.

In Europa, Giappone e Cina in particolare, ma anche in altre parti del mondo, la ferrovia ad alta velocità è considerata una modalità di trasporto innovativa, con numerosi vantaggi per i passeggeri. Spesso, infatti, le ferrovie ad alta velocità possono competere con i viaggi aerei anche in velocità; anzi, spesso, la ferrovia risulta molto più veloce se le tratte sono misurate da centro città a centro città. Quello ferroviario, poi, è un mezzo di trasporto comodo, sicuro, flessibile ed ecologicamente sostenibile. Inoltre, un miglior collegamento delle regioni europee renderebbe le stesse più competitive e contribuirebbe fortemente all'integrazione europea, avvicinandone le persone.

Perfetto! Ma: per come sono oggi progettate in Europa, le ferrovie ad alta velocità, sono efficaci nei collegamenti ed efficienti in termini di costi? In poche parole: sono ben concepite e ben pianificate? Parrebbe proprio di no.

L'ECA ha infatti esaminato la situazione sul campo (o meglio, sui binari) nei sei Stati membri che hanno ricevuto oltre l'80% di tutti i finanziamenti dell'UE, destinati alle linee ad alta velocità dal 2000: Francia, Portogallo, Spagna, Austria, Germania e Italia. Complessivamente, sono state valutate 10 linee ferroviarie ad alta velocità e quattro collegamenti transfrontalieri, che coprono circa 5.000 km di linee ad alta velocità, ossia la metà della rete attualmente in funzione nella UE. Sette di queste linee erano già operative al momento dell'audit. L'ECA ha anche analizzato 30 progetti, per un valore di oltre 6 miliardi di euro di cofinanziamento UE; tra cui la Galleria di base del Brennero sulla linea ad alta velocità prevista Monaco-Verona, che collega la Germania all'Italia attraverso l'Austria.

La conclusione generale è che una rete ferroviaria europea ad alta velocità non esiste ancora neanche nei progetti. Nel suo stato attuale, è piuttosto un patchwork inefficace di linee nazionali mal collegate tra loro e internazionalmente.

Analizzando poi, nel dettaglio, i progetti, l'ECA ha anche riscontrato che non esiste neanche un piano realistico a lungo termine per collegare le diverse parti della rete esistente dell'UE. In particolare, hanno rilevato che la costruzione di linee ad alta velocità che attraversino i vari confini nazionali non è assolutamente una priorità per i governi nazionali; e che la Commissione europea non ha il potere di costringerli a farla diventare priorità, per garantire rapidi progressi verso il completamento dei corridoi della rete centrale precedentemente concordati da tutti gli Stati membri.

Implicazioni pratiche di una rete ferroviaria ad alta velocità fatta "a mosaico" :

Facciamo l'esempio della Spagna (2): dall'inizio del nuovo millennio, questo paese ha investito molto in infrastrutture ferroviarie ad alta velocità, rendendo la sua rete la seconda più grande al mondo dopo quella cinese. Con circa 11 miliardi di euro, la Spagna è anche di gran lunga il maggior destinatario di contributi dell'UE per l'alta velocità ferroviaria, che rappresenta quasi la metà del totale UE di 23,7 miliardi di euro.

Supponiamo ora che uno spagnolo dalla Spagna voglia andare a Trieste, in Italia. Oggi in aereo è difficile: non c'è un collegamento diretto, quindi avrebbe bisogno di cambiare aereo in diversi aeroporti, in Spagna e in Italia. Probabilmente dovrebbe anche volare con diverse compagnie aeree, il che rende difficile contenere sia i tempi di viaggio che i costi. E col treno? Le risultanze dell'ECA sottolineano che sarebbe anche difficile viaggiare in treno ad alta velocità senza grossi problemi di combinazione con altre modalità di trasporto.

Infatti, ad esempio, anche se le linee ad alta velocità passano vicino agli aeroporti più trafficati della Spagna, a Madrid e Barcellona non ci sono piani per collegarli alla rete ferroviaria ad alta velocità con servizi ad alta velocità. Quindi il viaggiatore europeo ad alta velocità continuerà per lungo tempo ad affrontare problemi per quanto riguarda l'accessibilità, l'interconnettività e persino l'emissione di biglietti. Sì, anche per i biglietti: infatti, ad esempio, il ticketing ferroviario non è paragonabile a quello del settore aereo e le soluzioni di e-ticketing, come quelle che consentono ai passeggeri di prenotare viaggi che coinvolgono più di un operatore o di attraversare i confini, sono molto più facili per i viaggi in aereo che per ferrovia. Inoltre, non esistono virtualmente motori di ricerca per voli combinati aerei / treni ad alta velocità.

Quindi, in pratica, il viaggiatore spagnolo, per andare a Trieste, dovrà prendere un treno convenzionale per Madrid, cambiare lì su un treno ad alta velocità che attraversa Barcellona e poi attraversare il confine in Francia, dove dovrà poi passare a un treno convenzionale in direzione di Italia, poi ancora con alta velocità e treni convenzionali fino a Trieste.

E questa è una realtà per molti cittadini, poiché non esiste una vera rete europea di linee ad alta velocità. In effetti, questa "rete" può piuttosto essere descritta come un mosaico di linee ferroviarie nazionali ad alta velocità pianificate e costruite dagli Stati membri in isolamento, con conseguente scarso collegamento tra loro.

E poi: questa "alta velocità " consente veramente una velocità alta?

In molti casi, L'ECA ha riscontrato che i treni circolano, su percorsi definiti ad altissima velocità, a velocità medie molto più basse di quelle progettate: sulle linee che sono state esaminate hanno funzionato in media a meno del 50% della velocità massima di progetto. L'ECA ha quindi avvertito che ciò solleva dubbi sulla sana gestione finanziaria di questi progetti; in quanto una linea convenzionale aggiornata sarebbe stata sufficiente per raggiungere tali velocità; e a un costo molto inferiore.

Solo due delle 10 linee esaminate funzionavano a una velocità media di oltre 200 km/h, e nessuna superiore a 250 km/h. Questo è il caso delle linee Barcellona-Madrid e Madrid-Siviglia. Tuttavia, tre delle linee che sono state esaminate utilizzano ancora sistemi di valutazione tradizionali. Su queste linee, infatti, la velocità massima di funzionamento è limitata a 250 km/h, mentre quella di progettazione consentirebbe una velocità massima di esercizio di 300 km/h; però, come detto, la velocità media reale è di fatto molto inferiore. Tra l'altro, l'uso di diversi metodi di rilevamento di indicatori di velocità delle diverse tratte, rende spesso impossibile l'interconnettività.

E' giusto usare analisi costi-benefici per supportare le decisioni di investimenti?

L'infrastruttura ferroviaria ad alta velocità è costosa. Le linee esaminate dall'ECA costano in media 25 milioni di euro al chilometro. In totale, i costi aggregati per i progetti e le linee esaminate sono stati di 5,7 miliardi di euro a livello di progetto e di 25,1 miliardi di euro a livello di linea. Per inciso: per quanto riguarda l'Italia, come si è potuto spendere mediamente qualcosa come 32 milioni di euro per ogni singolo chilometro di rete, facendo così registrare costi inediti in qualunque altro Paese europeo, e toccando la punta complessiva di oltre 32 miliardi di euro? (3).

Otto dei trenta progetti esaminati dall'ECA erano stati posticipati di almeno un anno, e cinque linee su dieci avevano subito ritardi di oltre un decennio. Un fattore importante nel costo della costruzione di una linea sono le condizioni geologiche specifiche in cui è costruita. Oltre a questi aspetti, però, il costo di una linea aumenta proporzionalmente alla velocità progettuale di percorrenza del treno: ovviamente un'infrastruttura per altissima velocità è più costosa di una a velocità convenzionale. La decisione quindi sull'effettiva necessità di una linea ad alta velocità è necessaria caso per caso. Dare la dovuta considerazione alla soluzione alternativa di aggiornare le linee convenzionali esistenti potrebbe far risparmiare miliardi di euro. Per la linea Venezia-Trieste in Italia, ad esempio, l'ECA ha scoperto che la costruzione della linea ad alta velocità costava 5,7 miliardi di euro in più rispetto a un upgrade e risparmiando solo 10 minuti in termini di tempo di viaggio. Questo si traduce in un costo di € 570 milioni per minuto di tempo di viaggio risparmiato. Questo valore è considerevolmente più alto del costo medio di 90 milioni di euro al minuto di tempo di viaggio risparmiato per tutte le linee esaminate durante la verifica.

L'ECA ha anche riscontrato differenze significative nel modo in cui gli Stati membri hanno valutato la necessità di costruire una linea ad alta velocità e in che modo hanno organizzato il processo decisionale. In particolare, ha rilevato che le decisioni di costruire linee ad alta velocità sono spesso basate su considerazioni politiche e che questi importanti investimenti pubblici non sono sempre stati basati su una solida analisi costi-benefici.

In un caso, in Francia, ha riscontrato che l'analisi costi-benefici aveva portato a un rapporto benefici-costi negativo. Ciò è avvenuto anche in Spagna, dove diverse linee non erano considerate redditizie da una prospettiva socioeconomica. In entrambi i casi si è proceduto con la costruzione. In Germania, le analisi costi-benefici sono state effettuate, spesso, solo dopo che la decisione di costruire era stata presa.

L'ECA ha anche riscontrato che le analisi costi-benefici non sono generalmente aggiornate per tenere conto delle mutevoli circostanze. Per esempio, l'analisi costi-benefici per l'asse del Brennero tra Monaco e Verona - che comprende una delle gallerie ferroviarie più lunghe attualmente in costruzione - non è stata aggiornata dal 2007 nonostante un ritardo di circa undici anni e un aumento dei costi del 46%. Nel frattempo, tuttavia, i fattori critici come i costi di costruzione, i ritardi anticipati e le previsioni di traffico sono notevolmente cambiati e hanno ulteriormente ridotto il rapporto benefici-costi.

Sebbene la lunghezza delle reti ferroviarie nazionali ad alta velocità sia in costante crescita, l'obiettivo dell'UE di triplicare la lunghezza delle linee ferroviarie ad alta velocità da circa 10.000 km a 30.000 km entro il 2030 è improbabile che venga raggiunto. Un fattore chiave è il lungo tempo necessario per pianificare e costruire una linea ferroviaria ad alta velocità: nel complesso, per le linee esaminate, ci sono voluti in media 16 anni affinché una linea diventasse operativa.

Ma ci sono anche buone notizie: il numero di passeggeri che utilizzano le ferrovie ad alta velocità in Europa è in costante aumento, da circa 15 miliardi di passeggeri-chilometro nel 1990 a oltre 124 miliardi nel 2016. Questa crescita, tuttavia, non è distribuita equamente tra le linee. Idealmente, una linea ad alta velocità dovrebbe trasportare nove milioni di passeggeri all'anno per avere successo. Ma per tre delle sette linee completate esaminate, il numero di passeggeri trasportati era molto più basso. Ciò rappresenta un alto rischio per la sostenibilità di queste linee. Inoltre, nove delle 14 linee controllate, connessioni transfrontaliere comprese, non hanno avuto un numero sufficientemente elevato di passeggeri che vivono nei loro bacini di utenza per avere successo. Ciò comporta il rischio di dover gestire non meno di 2,7 miliardi di euro di inefficace cofinanziamento dell'UE. In sintesi: questi soldi potevano essere spesi più efficacemente in altre parti?

Necessità di ulteriori importanti sviluppi nella ferrovia ad alta velocità?

Nelle sue analisi l'ECA ha anche preso in considerazione il punto di vista dei passeggeri.

Ad esempio, ha analizzato le diverse connessioni, i tempi di viaggio e i prezzi per passeggeri di affari e di piacere; e, come detto, ha rilevato che le ferrovie ad alta velocità possono sicuramente competere con altri modi di trasporto a patto che vengano effettuati miglioramenti; come: sistemi di ticketing meglio integrati, migliore accessibilità delle stazioni ferroviarie; collegamenti più frequenti e prezzi dei biglietti competitivi. Questi sono tutti fattori chiave che possono aiutare la ferrovia ad alta velocità nell'acquisizione di una quota di mercato sempre più ampia nel tempo.

Da tener poi presente, per il suo sviluppo, che, anche se l'industria ferroviaria europea opera come un mercato unico con oltre 500 milioni di clienti, ci sono ancora oltre 11.000 norme nazionali da rispettare e non esistono regole comuni per il trasporto ferroviario transfrontaliero. Inoltre, la liberalizzazione del settore ferroviario sta procedendo solo molto lentamente. Già nel 2010, l'ECA, con un suo speciale rapporto, aveva raccomandato di eliminare tutte le barriere tecniche e amministrative, ma un controllo fatto sul tema nel 2018 ha rivelato che poco è stato fatto. In questo caso, è difficile credere che una vera concorrenza a livello europeo possa, nel breve, esistere nel settore ferroviario ad alta velocità.

Alla luce delle conclusioni dell'indagine, l'ECA ha formulato una serie di raccomandazioni alla Commissione Europea, tra cui:

a. effettuare una pianificazione realistica di lungo termine
b. concordare con gli Stati membri le principali sezioni strategiche da attuare; in primo luogo sulla base di una valutazione della necessità di linee ad altissima velocità, nonché un attento monitoraggio dei poteri esecutivi
c. collegare il cofinanziamento dell'UE a: 1. progetti assegnati secondo priorità strategiche; 2.una concorrenza effettiva circa l'attuazione delle opere; 3. al raggiungimento dei risultati nei termini previsti.
d. semplificare le procedure di appalto transfrontaliero, utilizzare "sportelli unici" per le varie formalità e rimuovere tutti i restanti ostacoli amministrativi e normativi all'interoperabilità
e. migliorare le operazioni ferroviarie ad alta velocità senza soluzione di continuità per i passeggeri; ad esempio mediante l'emissione di biglietti elettronici e la semplificazione dei diritti di accesso alle tratte multimodali.

RIFERIMENTI

1. https://railway-news.com/eca-high-speed-rail/
2. https://www.economist.com/europe/2020/08/06/spains-high-speed-trains-are-poor-value
3. Chi poi fosse interessato a capire qualcosa sullo spreco di risorse per "overdesign" delle reti AV di Italia e Spagna, può leggere questo rapporto. https://altreconomia.it/alta-velocita-italia-e-spagna/

2. I TRENI AD ALTA VELOCITÀ STANNO UCCIDENDO LA RETE FERROVIARIA EUROPEA? (riferimenti dopo il para. 4)

> La ferrovia ad alta velocità, sta distruggendo l'alternativa più preziosa all'aereo; la rete ferroviaria "a bassa velocità" in servizio da decenni.

L'introduzione di un collegamento ferroviario ad alta velocità accompagna inevitabilmente l'eliminazione di un percorso alternativo leggermente più lento, ma molto più economico, che costringe i passeggeri a utilizzare il nuovo e più costoso prodotto o ad abbandonare del tutto il treno. Di conseguenza, gli uomini d'affari usano aerei più treni ad alta velocità, mentre la maggior parte degli europei viene spinta in auto, pullman e aerei a basso costo.

Uno sguardo alla storia delle ferrovie europee mostra come la scelta per il treno ad alta velocità può essere lungi dall'essere strettamente necessaria.

Infatti i precedenti, e storici, sforzi per organizzare rapidi servizi ferroviari internazionali in Europa, hanno consentito prezzi accessibili; e diversi modi per aumentare la velocità e il comfort di un viaggio in treno. Alcuni di questi servizi erano persino più veloci dei treni ad alta velocità di oggi.

Ad esempio, diamo un'occhiata al percorso da Barcellona, in Spagna ai Paesi Bassi e al Belgio. Oggi è possibile viaggiare da Barcellona ad Amsterdam con un treno ad alta velocità, un viaggio di 1.700 km. Il collegamento definitivo tra Barcellona e il confine francese è stato inaugurato il 15 dicembre 2013.

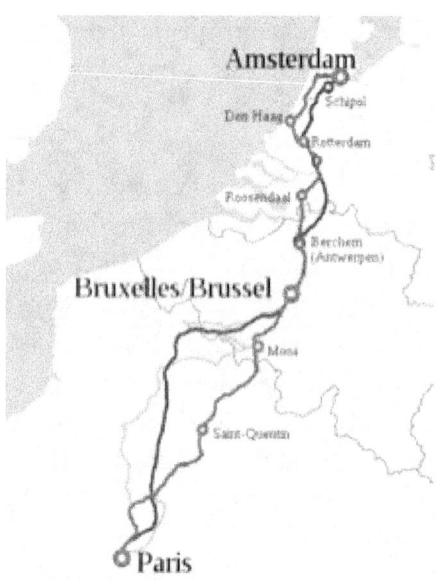

Parigi - Bruxelles – Amsterdam
In blu l'alta velocità

La sezione tra Parigi e Amsterdam è una tratta molto trafficata e con una lunga storia. Il primo treno diretto tra Parigi e Amsterdam fu fondato nel 1927. Era l' Étoile du Nord , un treno della Compagnie Internationale des Wagon-Lits , e copriva la tratta di 545 km in circa otto ore. C'era un treno al giorno.

Durante le decadi successive, il materiale rotabile fu modernizzato, la capacità della linea fu estesa con treni supplementari e la lunghezza del viaggio fu gradualmente ridotta.

Nel 1957, il tempo di viaggio era stato ridotto a cinque ore e mezza, nel 1971 erano cinque ore e nel 1995, l'ultimo anno della sua attività, l' Étoile du Nord compì il viaggio in quattro ore e 20 minuti. A quel tempo, il percorso era anche coperto da un treno notturno che impiegava otto ore. L'itinerario di questi servizi è indicato dalla linea rossa nell'illustrazione a destra.

Nel 1996, l' Étoile du Nord fu ritirato e sostituito dal treno ad alta velocità che è ancora in funzione oggi: il Thalys; il quale utilizza un percorso un po 'più lungo, via Lille, che è rappresentato dalla linea blu sull'illustrazione. Nel 2011, quando tutta la sezione era equipaggiata ad alta velocità, il tempo di percorrenza del Thalys era sceso a 3h19, circa un'ora più veloce dell'Etoile du Nord del 1995. Alcuni anni dopo l'arrivo del servizio ad alta velocità, fu abolito anche il treno notturno Étoile du Nord diretto tra Parigi e Amsterdam.

Il Thalys è due o tre volte più costoso dell'Etoile du Nord, mentre è solo il 25% più veloce.

Il guadagno di tempo, relativamente modesto, del Thalys ha però un prezzo molto alto. La tariffa per l' Étoile du Nord era un importo fisso per chilometro. Convertito agli attuali costi chilometrici delle ferrovie belga, francese e olandese, un biglietto sola andata Parigi-Amsterdam sullo stesso percorso (la linea blu) ora costerebbe 66 euro, indipendentemente dal fatto che lo comprate due mesi prima o poco prima di partire.

La tariffa per il Thalys, invece, è determinata dalla domanda del mercato e dai tempi di prenotazione. Se ordini con largo anticipo e se il tuo orario di partenza non è fisso, potresti ottenere un biglietto a partire da € 44 - due terzi della tariffa chilometrica. Questi prezzi, tuttavia, sono l'eccezione piuttosto che la regola. Se compri un biglietto il giorno della partenza, paghi € 206, quasi cinque volte tanto. La maggior parte dei biglietti, anche se ordinati due o tre settimane prima, costano € 119 o € 129 - quasi tre volte di più delle tariffe ampiamente pubblicizzate. Nel marketing, questa strategia di prezzo si chiama "ridurre i costi percepiti dei biglietti".

Il Thalys è quindi due o tre volte più costoso dell'Etoile du Nord, mentre è solo il 25% più veloce. Per la maggior parte delle persone, il tempo guadagnato prendendo il treno ad alta velocità non vale il costo aggiuntivo. Tuttavia, poiché l' Étoile du Nord è scomparso, non rimane altra scelta che pagare di più quando vogliono viaggiare in treno.

Un esempio limite: è ancora possibile viaggiare a basso costo con treni a bassa velocità tra Parigi e Amsterdam - sullo stesso percorso che è stato coperto dall'Étoile du Nord . Ma devi essere molto paziente: il viaggio dura dalle 7 alle 8 ore e devi cambiare treno da 5 a 6 volte (Parigi-Maubeuge-Jeumont-Erquelinnes-Charleroi-Bruxelles-Amsterdam). Un viaggio di sola andata costa 66 €, metà del prezzo della tariffa più comune del Thalys.

Fatto così, però, il viaggio è un'avventura, non un normale viaggio in treno. Ed è diventato ancora più imprevedibile da dicembre 2012, quando il servizio ferroviario tra Jeumont (la città di confine francese) e Erquelinnes (la città di confine belga) fu sospeso. Il viaggio ora richiede anche 30 minuti a piedi o 10 minuti di autobus attraverso il confine (non esiste collegamento ferroviario a bassa velocità transfrontaliero). Questo è il motivo per cui il percorso non viene visualizzato sui pianificatori di itinerari online.

Esiste un'altra rotta alternativa tra Parigi e Amsterdam, che consiste in una combinazione di treni regionali che seguono più o meno la stessa rotta del Thalys (Parigi-Amiens-Lille-Courtrai-Bruxelles-Amsterdam), ma è più costosa (€ 99).

Abbastanza sorprendentemente, quindi, coloro che vogliono evitare i costi elevati associati al treno ad alta velocità tra Parigi e Amsterdam oggi sono messi molto peggio di quelli del 1927, quando il viaggio durava anche otto ore, ma non c'era bisogno di cambiare treno o camminare attraverso il confine.

Il Thalys non è un caso isolato. Il completamento dell'ultimo collegamento nella linea ad alta velocità tra Barcellona e Parigi il 15 dicembre 2013 ha avuto una conseguenza prevedibile: l'abolizione del treno notturno diretto tra le due città, il Trenhotel Joan Miró . Questo treno molto popolare copriva la distanza in circa 12 ore, partendo alle 20h30 e arrivando verso le 08h30 del mattino. Fu introdotto nel 1974.

Diamo un'occhiata ai numeri. La tariffa per un viaggio di sola andata sul Trenhotel Joan Miró era compresa tra € 70 (ordinando più di due settimane in anticipo) e € 140 euro (ordinato poco prima della partenza). La tariffa standard del nuovo treno ad alta velocità che copre la stessa traiettoria parte da € 170, fino al doppio. Come per il Thalys , sono disponibili tariffe più economiche pubblicizzate (€ 59 euro) per chi prenota in anticipo, ma la disponibilità di questi biglietti è molto, molto limitata.

A prima vista, sembra che si ottenga qualcosa di pregevole in cambio di questo prezzo: un tempo di viaggio di poco più di sei ore. Tuttavia, i numeri non raccontano tutta la storia. Su un treno notturno, i passeggeri dormono tra le sette e le otto ore, il che riporta il tempo di viaggio percepito tra le quattro e le cinque ore (più veloce del treno ad alta velocità). Inoltre, il treno notturno significa che sei arrivato a Parigi o Barcellona la mattina presto, il che può essere molto pratico. Se si vuole arrivare la mattina presto con il treno ad alta velocità, è necessario prendere un treno il giorno prima e prenotare un hotel, aumentando il costo complessivo.

Un viaggio da Barcellona alla Svizzera o all' Italia richiede più tempo rispetto a prima dell'introduzione del treno ad alta velocità. Nonostante ciò, le tariffe sulla tratta sono più che raddoppiate.

La linea ad alta velocità tra Parigi e Barcellona ha anche tagliato la porta verso l'Europa centrale e orientale. Contrariamente alla "lenta" linea ferroviaria che attraversa le montagne e poi si dirige direttamente a Parigi, la tratta ad alta velocità fa una brusca virata a destra, dirigendosi verso Narbonne e Montpellier nel sud della Francia prima di curvare e fare rotta verso Parigi.

Il completamento della linea ad alta velocità tra Montpellier e il confine spagnolo nel 2010 ha portato, poi, alla sospensione di tre treni "lenti". Il primo era il catalano Talgo , un treno diretto che collegava Barcellona e Montpellier dal 1969.

Il catalano Talgo , che correva tra Barcellona e Ginevra fino al 1994, completava il viaggio in 10 ore. L'unica opzione quando si viaggia a Ginevra ora comporta una combinazione di tre treni ad alta velocità e un treno regionale con un tempo di percorrenza totale da otto a dieci ore - proprio come il catalano Talgo negli anni '70, che però era diretto.

Gli altri due treni sono stati aboliti nel dicembre 2012. Si trattava di treni notturni: il Trenhotel Pau Casals, che collegava Barcellona e Zurigo, e il Trenhotel Salvador Dalí , che collegava Barcellona e Milano. Ognuno di loro impiegava circa 13 ore per completare il viaggio, partendo alle 20:30 e arrivando alle 10.00 di mattina. L'unico modo per raggiungere Zurigo ora è attraverso una combinazione di almeno due treni ad alta velocità che impiegano 11 ore. L'unico modo per arrivare a Milano è ora attraverso una combinazione di due treni ad alta velocità e un treno regionale con un tempo di percorrenza totale di oltre 12 ore.

Un viaggio da Barcellona in Svizzera o in Italia richiede più tempo rispetto a prima dell'introduzione del treno ad alta velocità. Nonostante ciò, le tariffe sulla rotta sono più che raddoppiate.

I TRENI AD ALTA VELOCITÀ, IN REALTÀ, NON SONO PROPRIO ECOSOSTENIBILI

Nonostante la sua presunta efficienza, il treno ad alta velocità non renderà i viaggi più ecosostenibili.

Intanto i passeggeri che passano dai treni a bassa velocità a quelli ad alta velocità, aumentano l'uso di energia elettrica e quindi le relative emissioni di carbonio.

3. I TRENI AD ALTA VELOCITA' SOSTITUIRANNO GLI AEREI?

> *La ferrovia ad alta velocità è commercializzata come alternativa al traffico aereo. E secondo l'Unione Internazionale delle Ferrovie (IUR), il treno ad alta velocità "svolge un ruolo chiave in una fase di sviluppo ecosostenibile e di lotta ai cambiamenti climatici". In realtà potrebbe essere vero il contrario.*

Molti europei, se viaggiano tra Amsterdam e Barcellona, oggi prendono un aereo; e, se dobbiamo credere all'Unione Europea, (che ha reso il treno ad alta velocità un elemento chiave della sua strategia per rendere il trasporto su lunga a minore intensità di emissioni di carbonio) i passeggeri che ora prendono gli aerei passeranno quindi ai treni ad alta velocità.

Però, se si confrontano i prezzi dei biglietti, è ovvio che ciò non accadrà facilmente. Puoi volare andata e ritorno tra Barcellona e Amsterdam con una compagnia aerea a basso costo per € 100 se prenoti da una a due settimane in anticipo, e per circa € 200 se acquisti il biglietto il giorno della partenza. Questo costo è paragonato a € 580 per quello che ti costerebbe il viaggio se prendessi il treno ad alta velocità. Inoltre, il volo dura solo circa due ore. Volare è diventato così economico in Europa che, per assurdo, ora è più economico vivere a Barcellona e fare il pendolare in aereo ogni giorno, piuttosto che vivere e lavorare a Londra.

Con l'arrivo di treni ad alta velocità e compagnie aeree low-cost, ricchi e poveri si stanno semplicemente scambiando le modalità di trasporto a lunga distanza.

Storicamente, le tariffe dei treni sono sempre state inferiori alle tariffe aeree. L'arrivo dei treni ad alta velocità e delle compagnie aeree low-cost negli anni '90 ha invertito questa tendenza. Ricchi e poveri si sono semplicemente scambiate le modalità di viaggio: le masse ora viaggiano in aereo, mentre l'élite prende il treno. Dato che i relativamente-poveri, in Europa, sono di più dei relativamente-ricchi, questo ovviamente non porterà alcun risparmio energetico o riduzione delle emissioni di carbonio. Anzi.

I treni ad alta velocità condividono un problema fondamentale con quasi tutte le altre soluzioni high-tech "sostenibili" che vengono attualmente commercializzate: sono troppo costose per diventare "popolari". Questo spiega perché l'installazione di 10.000 km di linee ferroviarie ad alta velocità non ha impedito la crescita del traffico aereo passeggeri in Europa. Dal 1993 al 2009, il traffico aereo in Europa è cresciuto in media del 3-5% all'anno. Si stima che crescerà di un altro 50% tra il 2012 e il 2030, nonostante l'attuale recessione economica e i 20.000 km di linee ad alta velocità che devono ancora essere costruite.

La differenza nei prezzi dei biglietti tra compagnie aeree a basso costo e treni ad alta velocità è così grande che è impossibile ottenere un significativo spostamento modale dagli aerei ai treni. Tuttavia, sia l'Unione europea che l'Unione Internazionale delle Ferrovie hanno pubblicato numerosi rapporti che dimostrano come i viaggiatori stiano passando dagli aerei ai treni, risparmiando così emissioni di carbonio. Come può essere? Perché questi rapporti sono lacunosi.

Certo, su molte rotte dove sono stati introdotti treni ad alta velocità, il traffico aereo è diminuito in modo significativo. In generale, quando la ferrovia ad alta velocità offre un tempo di percorrenza di tre ore o meno, attrae almeno il 60% del mercato combinato aereo e ferroviario. Su alcune rotte, come Bruxelles-Parigi e Colonia-Francoforte, il traffico aereo è completamente scomparso.

TRENI AD ALTA VELOCITÀ, CARBURANTE E TRAFFICO AEREO

Sulla base di questi dati, i sostenitori dei treni ad alta velocità concludono che la riduzione delle emissioni di carbonio effettuata da questi treni è per merito dei "voli evitati". Questa potrebbe essere una conclusione allettante, ma una volta che si inizi a guardare chi viaggia su quei treni e perché, le cose appaiono molto diverse.

Prima di tutto, i passeggeri che passano dagli aerei alla ferrovia ad alta velocità non passano dalle compagnie aeree low cost ai treni ad alta velocità. Gli effetti di sostituzione più importanti sono quindi relativi a quei passeggeri che viaggiano con compagnie aeree tradizionali. Ma, poiché sono le compagnie aeree a basso costo che sono responsabili della continua e forte crescita del traffico aereo, e del relativo aumento di uso di carburanti fossili e delle emissioni relative, il risparmio in emissioni è relativamente basso; o comunque non si applica sul segmento di viaggiatori più in espansione.

In secondo luogo, gli studi che rivendicano un vantaggio ecologico per i treni ad alta velocità ignorano il traffico extra generato da tali treni. Infatti, i treni ad alta velocità inducono una nuova domanda di viaggi che altrimenti non avrebbero avuto luogo per niente. (circa il 30% dei viaggi su un treno ad alta velocità è dovuto a nuova domanda.). In altre parole: questi sono tutti viaggi che non sarebbero stati intrapresi se il treno ad alta velocità non fosse esistito. Questi viaggi, quindi, non sostituiscono un aereo o un viaggio in auto e di conseguenza non risparmiano energia ed emissioni; anzi, creano emissioni generate dalla produzione di energia elettrica.

I TRENI AD ALTA VELOCITA' GENERANO PIU' TRAFFICO AEREO

D'altra parte, i treni ad alta velocità generano anche più traffico aereo. Uno studio condotto su 56 aeroporti e 28 città nel Regno Unito, Francia, Spagna, Italia e Germania tra il 1990 e il 2010 mostra che nella maggior parte di questi aeroporti e città il traffico aereo è cresciuto nonostante la presenza di ampie linee di treni ad alta velocità. Una parte significativa di questo traffico extra è richiesta dai treni ad alta velocità. Lo studio osserva che i voli a corto raggio sono effettivamente diminuiti. Tuttavia, allo stesso tempo, i voli a medio e lungo raggio (in Europa) sono aumentati. Questo perché la ferrovia ad alta velocità consente agli aeroporti di effettuare più voli a lunga percorrenza, che sono più redditizi per le compagnie aeree.

DUE TERZI DEI PASSEGGERI SUL TRENO AD ALTA VELOCITÀ TRA COLONIA E FRANCOFORTE PROVENGONO O VANNO VERSO UN AEROPORTO

In altre parole, alleviando la congestione degli aeroporti, il treno ad alta velocità contribuisce a spianare la strada alla crescita delle compagnie aeree a basso costo. Il traffico aereo tra Parigi e Bruxelles e tra Colonia e Francoforte è completamente scomparso perché le compagnie aeree hanno accettato di utilizzare treni anziché aerei per servire i principali hub aeroportuali. Secondo Deutsche Bahn, l'operatore ferroviario nazionale tedesco, due terzi dei passeggeri sul treno ad alta velocità tra Colonia e Francoforte provengono o si dirigono verso l'aeroporto. Tuttavia, il loro volo più lungo non sarebbe stato possibile senza il treno ad alta velocità.

VERSO UN SISTEMA DI TRASPORTO VERAMENTE SOSTENIBILE

In conclusione, i clienti facoltosi passano da (costosi) aerei a treni (costosi), almeno per le medie distanze in cui il treno è più veloce di un aereo. Tutte le altre persone scelgono le compagnie aeree a basso costo per le lunghe distanze e le auto o gli autobus per le medie distanze dove i viaggi in treno a prezzi accessibili non sono più un'opzione. In genere viaggiano solo su treni ad alta velocità quando sono in viaggio verso un aeroporto per prendere un volo a lunga distanza, o quando possono ottenere una tariffa economica. Infine, quasi nessuno sceglie la ferrovia ad alta velocità quando il tempo di viaggio è di oltre cinque ore, nemmeno quelli che possono permettersi il biglietto.

Se l'Europa vuole rendere più sostenibile il suo trasporto a lunga distanza, non ha altra scelta che limitare la crescita del traffico aereo in modo diretto. Tale misura dovrebbe accompagnare un sistema ferroviario più economico, esattamente come quello che viene ora smantellato, o il viaggio a lunga distanza diventerà un privilegio per i ricchi. Le rotaie sono ancora lì; quindi questo potrebbe essere fatto in poco tempo.

L'ALTA VELOCITA' E' PER VIAGGIATORI DI ELITE ? SCOMPARIRA' ?

È illuminante guardare all'attenzione europea attuale sui treni ad alta velocità nel contesto della storia ferroviaria. Non è la prima volta che il traffico ferroviario internazionale è stato riservato alle élite, come è oggi. Il treno ad alta velocità di oggi è infatti l'ultimo di una lunga storia di treni di lusso europei rivolti ai viaggiatori d'affari, che sembrano apparire quando l'economia è in piena espansione e scompaiono quando i bei tempi sono finiti.

Solo i ricchi potevano permettersi i lussuosi treni Pullman apparsi sulle ferrovie europee negli anni '20. Questi treni trasportavano solo carrozze di prima classe. L'originale Étoile du Nord , il primo collegamento diretto tra Parigi e Amsterdam, era uno di questi treni.

L' "ALTA VELOCITA' " NEGLI ANNI '50: IL TEE

I treni Pullman iniziarono a prendere anche carrozze di seconda classe durante la crisi economica degli anni '30, e a quel punto l'attrattiva dei treni Pullman si affievolì. La crisi economica dell'epoca fece orientare i viaggiatori verso viaggi ferroviari internazionali più accessibili, e ciò è stato per quasi trent'anni.

Alla fine degli anni '50, i treni d'élite tornarono alla ribalta. Nel 1957, il collegamento ferroviario diretto tra Parigi e Amsterdam fu modernizzato nel contesto del progetto Trans Europe Express (TEE), destinato ai viaggiatori in viaggio d'affari. I treni TEE avevano solo carrozze di prima classe e le tariffe erano più alte delle tariffe chilometriche per i viaggi di prima classe sui treni normali.

TRANS EUROP EXPRESS

Il TEE era una risposta alla crescente concorrenza degli aerei, che all'epoca erano utilizzati esclusivamente dai ricchi. Le somiglianze con i treni ad alta velocità di oggi colpiscono: il TEE fu commercializzato come un "aereo su ruote". Al suo apice nel 1974-1975, la rete TEE consisteva in 31 rotte, che si estendevano da Copenaghen a Barcellona e da Amsterdam alla Sicilia.

Alla fine degli anni '70, i viaggi aerei erano diventati più rapidi e confortevoli con l'introduzione del motore a reazione. Gli uomini d'affari passarono, quindi, di nuovo, agli aerei. Avendo perso i loro ricchi clienti, le ferrovie tornarono quindi a treni internazionali a prezzi accessibili (gli aerei erano ancora troppo costosi per le masse). C'era, tuttavia, una forte concorrenza dal trasporto su strada. Migliaia di chilometri di autostrade erano state costruite e l'auto era diventata il principale mezzo di trasporto a lunga distanza per la maggior parte degli europei.

EuroCity ed EuroNight hanno costituito un sistema di trasporto a lunga distanza sostenibile, efficiente ed economico; che è stato il migliore che l'Europa abbia mai avuto.

I treni TEE che venivano equipaggiati con carrozze di seconda classe crearono una tendenza che culminò nel progetto EuroCity, lanciato nel 1987. I treni EuroCity erano veloci come i treni TEE, ma trasportavano soprattutto carrozze di seconda classe e il prezzo di un biglietto era di nuovo basato sulle normali tariffe chilometriche. Fin dall'inizio, EuroCity offrì 64 coppie (andata e ritorno) di treni internazionali con 50.000 posti giornalieri, collegando 200 città in 13 paesi.

EuroCity fu accompagnato un'estesa rete di treni notturni (EuroNight) e insieme hanno formato un sistema di trasporto sostenibile ed efficiente; che è stato probabilmente il migliore che l'Europa abbia mai avuto. L' Étoile du Nord che collegava Parigi e Amsterdam fino al 1995 e copriva il percorso in sole

4h20 era un treno EuroCity, e il treno notturno che copriva la stessa tratta era un EuroNight. Il catalano Talgo era un treno EuroCity, e i Trenhotel adottarono tutti la classe EuroNight.

La versione 1996/97 della Guida di Thomas Cook ai treni notturni europei elenca un totale di oltre cento treni notturni internazionali in Europa e altri cento treni notturni domestici. L'Europa occidentale ha cessato la maggior parte di loro negli ultimi anni. Alcuni esempi: dai 21 treni notturni in partenza dal Belgio nel 1997, e diretti a Mosca, non ne rimane uno. Dai 36 treni domestici notturni in Spagna, ne rimangono solo otto. Comprensibilmente, la Guida di Thomas Cook ai treni notturni europei ha cessato la pubblicazione.

4. IL RIFIUTO DELL'ALTA VELOCITÀ E CONTRO IL PROGRESSO?

Spendere miliardi di denaro pubblico su una rete di trasporti che escluda la maggioranza della popolazione dall'usarlo, potrebbe non essere un buon investimento.

"ALTA VELOCITÀ" A PREZZI CONVENIENTI.

I treni EuroCity e EuroNight circolano ancora nell'Europa centrale e orientale, con la conseguenza che lì i treni internazionali relativamente-veloci sono ancora disponibili a prezzi convenienti. Il grande vantaggio dei treni EuroCity e EuroNight è che non richiedono un'infrastruttura ferroviaria particolare; il che li rende molto meno costosi da gestire. Ciò consente prezzi dei biglietti più accessibili e significa anche che la rete può essere estesa a un ritmo più veloce.

Ovviamente, se aumentasse molto il numero delle persone che viaggiano con treni a bassa velocità, l'infrastruttura dovrebbe essere estesa. Ma costruire ferrovie a bassa velocità è molto più economico rispetto alla costruzione di ferrovie ad alta velocità. I treni ad alta velocità viaggiano spesso su rotaie ad alta velocità, dedicate e di nuova costruzione, che consentono velocità più elevate attraverso l'uso di curve più larghe, salite meno ripide, sistemi di elettrificazione più potenti e sistemi di scambio-rotaia evoluti. Logicamente, questi alti costi di investimento, associati a maggiori costi operativi, portano a prezzi dei biglietti più elevati e all'abolizione di percorsi alternativi che potrebbero compromettere la redditività economica di una nuova linea ad alta velocità.

L'infrastruttura ferroviaria locale e regionale, che trasporta molti più passeggeri rispetto alla ferrovia ad alta velocità, è fortemente sottofinanziata in molti paesi europei con treni ad alta velocità.

Per completare il sistema ferroviario europeo ad alta velocità occorrerà molto più denaro (pubblico) di quello finora speso: dei 30.750 km di linee ad alta velocità programmati per il 2030, sono stati costruiti solo 10.000 km. Naturalmente, gli elevati costi di investimento hanno un effetto negativo sul mantenimento della rete domestica a bassa velocità. L'infrastruttura ferroviaria locale e regionale, che trasporta molti più passeggeri rispetto alla ferrovia ad alta velocità, è fortemente sottofinanziata in molti paesi europei con treni ad alta velocità. Il materiale rotabile è obsoleto, i servizi sono ridotti, i ritardi sono frequenti e gli incidenti sono in aumento.

COSA RENDE VELOCE UN TRENO?

Ovviamente, limitare la crescita delle compagnie aeree a basso costo ridurrebbe la possibilità di viaggiare in aereo a prezzi accessibili; e sarebbe il vero prezzo da pagare per la ecosostenibilità. Ma, d'altra parte, come abbiamo visto, una rete di "treni a bassa velocità" non è, nella realtà, molto più lenta di una rete continentale di treni ad alta velocità.

La velocità massima di un treno è solo uno dei molti fattori che influenzano il tempo di viaggio. I treni europei ad alta velocità raggiungono velocità massime da 250 a 350 km / h, ma la loro velocità media è molto più bassa. Ad esempio, la velocità media del Thalys tra Parigi e Amsterdam è inferiore a 170 km / h. E questa è più o meno la velocità media dei treni "lenti" EuroCity e EuroNight, che possono raggiungere velocità di "solo" 200 km/h; ma che viaggiano comunque a velocità medie intorno ai 150 km/h; o più.

La velocità di molti treni ad alta velocità è limitata a causa, ad esempio, della loro vicinanza a zone densamente urbanizzate (per ridurre l'impatto del rumore e ridurre al minimo il rischio di incidenti), l'esistenza di viadotti o gallerie (dove la velocità deve essere ridotta a 150-160 km/h per motivi di sicurezza), o la necessità di percorrere tratti ripidi (e quando si evitano questi tratti, questo si traduce spesso in percorsi considerevolmente più lunghi, come nel caso dell'intero corridoio Barcellona-Parigi-Bruxelles).

In molti paesi europei, i treni ad alta velocità sono combinati con il normale traffico ferroviario su alcune sezioni del loro percorso: solo 6.000 km dei 10.000 km di linee ad alta velocità sono percorsi su rotaie ad alta velocità. Il risultato è che la condivisione dell'infrastruttura con treni più lenti riduce i costi di capitale, ma riduce anche la velocità.

D'altro canto, i treni EuroCity dovevano soddisfare diversi criteri per ridurre i tempi di viaggio e molti di questi sono applicabili anche ai treni ad alta velocità. Ad esempio, i treni si fermano solo nelle città importanti, il tempo di fermata nelle stazioni è inferiore ai cinque minuti, il controllo delle frontiere avviene a bordo e ai treni EuroCity viene data priorità rispetto agli altri treni per rispettare gli orari. Questi sono tutti fattori che influenzano il tempo di viaggio; tanto quanto la velocità del treno.

FACCIAMO TRENI AD ALTA VELOCITÀ NOTTURNI ? (IL TEMPO VOLA QUANDO DORMI).

Anche sulle rotte in cui i treni ad alta velocità sono significativamente più veloci dei normali treni, come tra Barcellona e Parigi, nella pratica sono ancora più "lenti" dei treni notturni a bassa velocità che coprono la stessa distanza, almeno se guardiamo al tempo di percorrenza percepito. Perché il tempo vola quando sei sotto le coperte; si può dire che il treno notturno a bassa velocità è in pratica una alternativa low-tech per il treno ad alta velocità.

Naturalmente i treni ad alta velocità potrebbero anche fornire servizi notturni. Alcuni mesi fa, l'Unione Internazionale delle Ferrovie (IUR) - che ha una chiara propensione per i treni ad alta velocità - ha pubblicato uno studio sui treni ad alta velocità, indagando sulla possibilità di operare il servizio di treni notturni su linee ad alta velocità utilizzando materiale rotabile ad alta velocità. Uno di questi treni esiste già in Cina. I "treni a lunga distanza" potrebbero fornire un servizio di treni notturni su corridoi lunghi oltre 2.000 km. Ad esempio, si potrebbe salire a bordo di un treno a Barcellona e svegliarsi ad Amburgo il mattino successivo.

Tuttavia, lo IUR ha scoperto che, in Europa, con il suo spazio ferroviario frammentato, la gestione di tali treni notturni sarebbe costosa. Sulla maggior parte delle rotte, la tariffa sarebbe di circa € 700 per un biglietto solo per coprire i costi operativi del viaggio. Mentre un biglietto per un volo low cost da Barcellona ad Amburgo costa 75 € (ordinato fino a 3 settimane in anticipo) a 130 € (ordinato un giorno prima della partenza). Utilizzando una combinazione di treni a bassa velocità, lo stesso avrebbe potuto essere svolto in una notte e un giorno per meno di € 200.

IL RIFIUTO DELL'ALTA VELOCITÀ E CONTRO IL PROGRESSO?

Naturalmente, il treno ad alta velocità è un modo molto comodo per viaggiare. La questione, tuttavia, non è se ci piace l'idea di una rete di treni ad alta velocità, ma se possiamo permettercela. Spendere miliardi di denaro pubblico su una rete di trasporti che escluda la maggioranza della popolazione dall'usarlo potrebbe non essere un buon investimento.

Uno studio del 2009 condotto da ricercatori spagnoli che ha analizzato l'impatto economico delle ferrovie ad alta velocità in Europa trae queste conclusioni:

"Costruire, mantenere e gestire ferrovie ad alta velocità può compromettere sensibilmente, sia la politica dei trasporti di un paese, che lo sviluppo di tutto il settore dei trasporti per decenni ... Una revisione completa della letteratura economica specifica mostra che lo sforzo di ricerca dedicato all'analisi economica per investire in ferrovie ad alta velocità è quasi insignificante ... Essa merita uno sguardo accurato, ben oltre il mero aspetto tecnologico e i numeri della domanda potenziale ... Decidere di rifiutare la costruzione di una linea ferroviaria ad alta velocità non è necessariamente una posizione contro il progresso ".

In meno di 10 anni, la Spagna ha costruito la più estesa rete ferroviaria ad alta velocità in Europa. Oggi il paese ha, nel merito, problemi di bilancio; e mantiene i suoi treni AV in funzione con difficoltà.

Nota interessante: La Germania è l'unico paese europeo con un "modello completamente misto", il che significa che i servizi ad alta velocità e quelli convenzionali possono essere forniti su ciascun tipo di infrastruttura. I treni ad alta velocità possono utilizzare binari classici (aggiornati) mentre i servizi merci utilizzano la capacità di riserva delle linee ad alta velocità durante la notte. La Germania ha relativamente poche tratte ad alta velocità dedicate e i treni sono relativamente lenti. Questi fattori rendono l'alta velocità più conveniente, come costi, in Germania che in Francia, in Spagna, o Italia.

RIFERIMENTI:

1. "Economic analysis of high speed rail in Europe", Ginés de Rus
2. "Forecasting demand of high speed train", Maria Borjesson
3. "Applying Low Cost airline pricing Strategies on European railroads", Thomas Sauter-Servaes
4. "Challenges of growth"" – Eurocontrol 2013
5. "High speed Europe; a sustainable link between cities" – European Commission
6. "Night Trains 2.0" – International Union of Railways
7. "Impacts of High Speed rail and low-cost carriers on European Air Traffic" – Regina R. Clewlow

CAPITOLO V

COME POLITICA E MEDIA INFLUENZANO SCIENZA E TECNOLOGIA

CI SI DOVREBBE MERAVIGLIARE QUANDO SI VEDONO UOMINI DI SCIENZA ESITARE A RICONOSCERE IL FATTO CHE LA SCIENZA SIA POLITICA. PERCHÉ NON DOVREBBE ESSERLO? FORSE PERCHÉ CONSIDERIAMO LA SCIENZA COME UNO STANDARD PER L'OGGETTIVITÀ E COME SINONIMO DI PAROLE COME "IMPARZIALE" E "RAZIONALE", SEPARANDOLE DALLA NOSTRA CAPRICCIOSITÀ UMANA?

È abbastanza naturale associare queste parole alla Scienza. In realtà, dopotutto, sarebbe difficile trovare un modo più obiettivo del metodo scientifico per scoprire la vera natura dell'universo. Ma c'è un'importante distinzione da fare tra Scienza e metodo scientifico. Usiamo il metodo scientifico per ridurre al minimo i pregiudizi e massimizzare l'obiettività. Questo è ciò che è razionale e imparziale. L'impresa scientifica, invece, non lo è, e non è altro che aggrapparsi a un mito fantasioso il ritenere che lo sia mai stato. La realtà è che impegnarsi nella ricerca scientifica è un'attività sociale e intrinsecamente politica. Finanziare la scienza non è una posizione predefinita quando si lavora per un paese; è una decisione che si prende come società. La scienza è stata collegata alla politica del bene comune da quando la prima persona *ha pensato che fosse una buona idea fare ricerca; e poi ha convinto i suoi vicini a darle i soldi per farlo. La ricerca scientifica non avviene senza i soldi della società, e può quindi avvenire solo con la sua benedizione. In questo modo la scienza è un'istituzione politica de facto, governata dalla società e legata alla sua volontà politica. Diverso però è quando la Scienza, da Politica diventa Partitica. Quando le opinioni degli esperti si scontrano tra di loro non per la ricerca delle verità della Natura, ma per garantire solidità alle opinioni del proprio partito, e magari per conflitti di interessi.*

I media, poi, influenzano la Scienza indirettamente (anzi, meglio, la "ricerca scientifica"): essi infatti recepiscono le informazioni di governo e le comunicano per formare l'opinione pubblica. Quest'ultima pilota, giustamente, l'agenda di governo, che comprende le attività scientifiche.

☐

1. CI SONO INCENDI DI DESTRA E INCENDI DI SINISTRA?

L'aumento degli incendi in Brasile ha scatenato, tra il 2019 e il 2020, una tempesta di indignazione internazionale. Celebrità, ambientalisti, media e leader politici hanno incolpato il presidente brasiliano, Jair Bolsonaro, di star distruggendo la più grande foresta pluviale del mondo, l'Amazzonia, che secondo loro, erroneamente (6) rappresenta i "polmoni del mondo".

Cantanti e attori tra cui Madonna e Jaden Smith hanno condiviso foto sui social media che sono state viste da decine di milioni di persone. "I polmoni della Terra sono in fiamme", ha detto l' attore Leonardo Di Caprio. "La foresta pluviale amazzonica produce oltre il 20% dell'ossigeno nel mondo", ha twittato la stella del calcio Cristiano Ronaldo. "La foresta pluviale amazzonica, " i polmoni del mondo" che producono il 20% dell'ossigeno del nostro pianeta, è in fiamme", ha twittato il presidente francese Emanuel Macron.

Eppure le foto non erano attuali e molte non erano nemmeno dell'Amazzonia. La foto che Ronaldo ha condiviso era stata scattata nel sud del Brasile, lontano dall'Amazzonia, nel 2013. La foto che Di Caprio e Macron hanno condiviso ha più di 20 anni. La foto condivisa da Madonna e Smith è di oltre 30 anni. Alcune celebrità hanno condiviso foto del Montana, dell'India e della Svezia.

A loro merito, la CNN e il New York Times hanno sfatato la veridicità delle foto e di altre informazioni sugli incendi. "La deforestazione non è né nuova né limitata a una nazione", ha spiegato la CNN. "Questi incendi non sono stati causati dai cambiamenti climatici", ha osservato poi il Times.

Ma entrambe le pubblicazioni hanno ripetuto l'affermazione che l'Amazzonia è il "polmone" del mondo. "Oggi l'Amazzonia rimane una fonte netta di ossigeno", ha detto la CNN. "L'Amazzonia è spesso definita come " i polmoni " della Terra, perché le sue vaste foreste rilasciano ossigeno e immagazzinano anidride carbonica, un gas che intrappola il calore che è una delle principali cause del riscaldamento globale", ha affermato il New York Times.

A proposito dei "polmoni" è stato però intervistato da Forbes uno dei maggiori esperti del mondo: Dan Nepstad, (1)(6) che ha seccamente risposto: "Sono fesserie". "Non c'è scienza dietro queste affermazioni. L'Amazzonia produce molto ossigeno, ma utilizza la stessa quantità di ossigeno attraverso la "respirazione" delle piante ". Nepstad è anche autore principale di un recente rapporto del gruppo intergovernativo sui cambiamenti climatici.

Che dire; venne chiesto a Nepstad, in un'intervista, dal New York Times: "Se si perde la foresta pluviale, essa non può essere facilmente ripristinata, l'area diventerà savana, che non immagazzina più carbonio, il che significherà una riduzione della "capacità polmonare del pianeta" ?

Alcune persone – spiega Nepstad - sventolano senza dubbio il mito dei "polmoni" come "pungolo" affinché si faccia qualcosa. Dove il tema è che c'è un aumento degli incendi in Brasile, e che qualcosa deve essere fatto al riguardo; e affermano che siamo in una situazione di eccezionale gravità. Ora: è forse giusto che si debba agire (ma come vedremo, lo stiamo già facendo), ma non è giusto affermare che siamo di fronte ad un evento eccezionale. E' diventato sicuramente un fatto mediatico; e alcuni lo stanno cavalcando per loro interesse politico.

Consideriamo, ad esempio, che per settimane la CNN ha mandato in onda un lungo servizio con un sottopancia: "Gli incendi bruciano a un ritmo record nella foresta amazzonica", mentre un importante giornalista del clima ha affermato : "Gli incendi attuali sono senza precedenti negli ultimi 20.000 anni". Guardate il grafico e rendetevi conto se queste affermazioni siano vere:

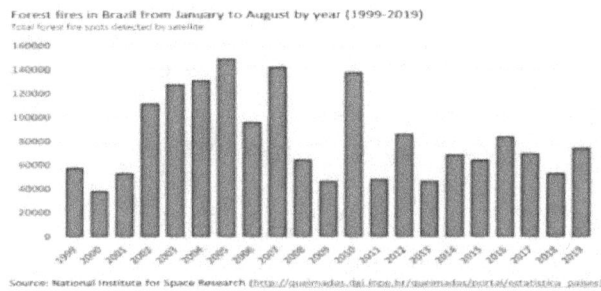

Come si vede queste sono molto probabili non-verità: mentre il numero di incendi nel 2019 è effettivamente superiore rispetto al 2018, è solo del 7% superiore alla media degli ultimi 10 anni, ha affermato sempre Nepstad (vedasi il grafico sopra).

Uno dei principali giornalisti ambientali del Brasile, Leonardo Coutinho, concorda sul fatto che la copertura mediatica degli incendi sia fuorviante dal punto di vista politico. "Infatti fu sotto il Presidente del Partito dei Lavoratori Lula e il Segretario dell'Ambiente Marina Silva (2003-2008) che il Brasile ebbe la più alta incidenza di incendi; ma né Lula né Marina sono furono accusati di mettere a rischio l'Amazzonia e il mondo intero; perché ?"

"Ciò che sta accadendo in Amazzonia non è eccezionale", ha proseguito Coutinho. "Se dai un'occhiata alle ricerche web su Google che hanno cercato "Amazzonia" e "Amazon Forest" nel passato, l'opinione pubblica globale non era così interessata alla "tragedia amazzonica" quando la situazione era innegabilmente peggiore. Il momento presente non giustifica l'isteria globale".

"Ho visto la foto twittate da Macron e da Di Caprio", ha detto Nepstad, " sono menzogne; non si vedono foreste bruciare così in Amazzonia. Gli incendi boschivi dell'Amazzonia sono nascosti dalle chiome degli alberi e aumentano solo durante gli anni di siccità. Ho lavorato a studiare quegli incendi per 25 anni e le nostre reti sul campo monitorano questi fenomeni permanentemente."

Ciò che è aumentato del 7% nel 2019 sono i fuochi della macchia secca e degli alberi abbattuti per l'allevamento del bestiame; come strategia per acquisire la proprietà della terra. Pertanto contro un quadro dipinto dai media di una foresta amazzonica sull'orlo della scomparsa, rimane invece l'80% in piedi. La metà dell'Amazzonia è oggi protetta dalla deforestazione ai sensi di una legge federale.

E non si parla invece molto della lotta alla deforestazione che è oggi, con Bolsonaro, in atto.

"Pochi articoli nella ondata di copertura mediatica scatenata dal G7 hanno menzionato il sensibilissimo calo della deforestazione in Brasile dagli anni 2000", ha osservato l'ex reporter del New York Times Andrew Revkin, che ha scritto un libro del 1990, The Burning Season , sull'Amazzonia, e ora è il fondatore Direttore, Iniziativa per la comunicazione e la sostenibilità presso il The Earth Institute presso la Columbia

University.

La deforestazione è diminuita del 70% dal 2004 al 2012 (3). Da allora è cresciuta modestamente e rimane a un quarto del suo picco del 2004. E comunque solo il 3% dell'Amazzonia è adatto per le culture di soia.

"Non mi piace la narrativa internazionale in questo momento perché è polarizzante, divisiva e ignorante di vari aspetti sociali": c'è ovviamente da avere un grande consenso contro il fuoco accidentale; ma ci sono anche gli interessi degli agricoltori e della popolazione locale, che non è certamente ricca, che debbono essere protetti. Immagina che ti venga detto che ai sensi del Codice Federale della Foresta, puoi usare solo metà della tua terra; saresti contento se la tua famiglia deve mangiare ?"

Nel contempo la pressione internazionale sta alimentando il risentimento tra le stesse persone in Brasile che gli ambientalisti dovrebbero ideologicamente "conquistare" per salvare l'Amazzonia. "Il tweet di Macron ha provocato molto sdegno ha dichiarato Nepstad. "I brasiliani ad esempio vorrebbero sapere perché la California ottiene una grande empatia per i suoi incendi boschivi, mentre il Brasile ha solo un dito puntato ". La gente ignora, ad esempio, che ci sono motivi legittimi per i piccoli agricoltori di usare fuochi controllati per respingere insetti e parassiti".

La reazione di media stranieri, celebrità e politici, verso il Brasile deriva da un romantico anticapitalismo comune tra le élite urbane, affermano Nepstad e Coutinho. "C'è molta ostilità verso l'agroindustria", afferma Nepstad. "Ho avuto colleghi che dicevano:" I fagioli di soia non sono cibo. Cosa mangia tuo figlio? Latte, pollo, uova? Sono tutte proteine provenienti dalla soia che alimenta il pollame".

Ma altri possono avere motivi politici. "Gli agricoltori brasiliani vorrebbero estendere l'accordo di libero scambio UE-Mercosur, ma Macron è propenso a chiuderlo perché il settore agricolo francese non vuole che altri prodotti alimentari brasiliani entrino in Europa", ha spiegato Nepstad.

"L'agroindustria è il 25% del PIL brasiliano ed è l'industria che ha portato il paese fuori dalla recessione", continua Nepstad. "Quando l'agricoltura di soia entra in un paesaggio, tra l'altro, il numero di incendi diminuisce. Le piccole città ottengono denaro per le scuole, il PIL aumenta e le disuguaglianze diminuiscono. Questo non è un settore da battere, è uno con cui trovare un terreno comune".

Nepstad sostiene che sarebbe un gioco da ragazzi per i governi di tutto il mondo sostenere Aliança da Terra (4), una rete di rilevamento e prevenzione incendi che ha co-fondato, che comprende 600 volontari, principalmente indigeni e agricoltori. "Per 2 milioni di dollari all'anno potremmo controllare gli incendi dell'Amazzonia", ha detto Nepstad. "Abbiamo 600 persone che hanno ricevuto un addestramento di prim'ordine dai vigili del fuoco statunitensi, ma ora abbiamo bisogno di camion con l'attrezzatura giusta in modo da poter operare gli opportuni tagli di vegetazione per isolare il fuoco e per evitare ritorni di fiamma."

Importante: affinché tale pragmatismo si affermi, i media dovranno migliorare la loro copertura futura del problema. "Una delle grandi sfide che devono affrontare le redazioni riguardanti questioni emergenti e persistenti complicate come la deforestazione tropicale", ha dichiarato il giornalista Revkin, "è di trovare il modo di coinvolgere i lettori senza istrionismo e focalizzazione politica. L'alternativa è quello che vediamo sempre di più : schiocchi di frusta giornalistici come quello raccontato qui sopra, circa l'Amazzonia (5).

Detto ciò ci si potrebbe chiedere perché vip dell'intrattenimento, media e politici siano caduti in questo passo falso.

Cerchiamo di capire: Madonna, Ronaldo, Del Piero, Di Caprio, Mannoia, ed altri, sono l'armata dal cuoricino verde; pronti a scendere in campo per difendere le foreste ed attaccare i cattivoni populisti, due cose che oggi fanno chic. Ci sono anche personaggi dimenticati, che rispuntano per l'occasione; come l'ex regina attivista anti-global Naomi Klein, che cerca un po' di visibilità non a caso; infatti ha lanciato un libro "il mondo in fiamme". La foga twittarola è talmente forte che neanche si accorgono di star lacrimando su foto di trent'anni fa; dignità bruciata? Che importa, l'importante è ottenere visibilità, vista la forte concorrenza nel mondo dell'intrattenimento. Quindi visibilità, ottenuta spesso a basso costo perché le loro elargizioni, quando ci sono, sono spesso deducibili dalle tasse.

Abbiamo forse quindi "incendi di destra" e "incendi di sinistra" ?

No, la risposta è più semplice individuarla, affermano i politologi, in una manovra politica
del presidente Macron, che ha colto così la possibilità di prendere tre piccioni con una fava.

Il primo piccione è quello di cercare di bloccare le importazioni brasiliane verso UE, usando l'appoggio dell' "ignaro" G7; quelle importazioni che sfavoriscono soprattutto la Francia. "La nostra casa sta bruciando: incendi senza precedenti e incontrollati ". Ha detto Macron, provocando una accensione di animi alla riunione del Gruppo dei Sette in Francia; fuochi che hanno bruciacchiato, e lasciato in condizioni critiche, il trattato di libero commercio firmato, come si diceva, recentemente tra l'Unione Europea e il Mercosur. Macron non ha parlato – ovviamente – del Giappone e della sua predatrice pesca alle balene, della Germania e della sua multinazionale Bayer, proprietaria della Monsanto (da molti accusata di crimini ecologici), e di tutti quei paesi promotori e somministratori di armi che alimentano conflitti come quello dello Yemen, spalleggiano dittature, e martirizzano titta la regione del Medio Oriente.

In un discorso più mediatico che politico, al G7, Macron ha chiamato i cittadini a "rispondere all'appello degli oceani e della selva che sta bruciando", senza dimenticare che per la sua politica coloniale ancora vigente anche la Francia è un paese dell'Amazzonia (per via della Guyana Francese). "Non lanciamo un semplice richiamo, ma una mobilitazione di tutte le potenze riunite a Biarritz" ha detto.

Ma la cosa più importante è che, nell'immaginario collettivo internazionale, ha fatto fare ai paesi del Mercosur (Brasile, Argentina, Paraguay, Uruguay) la figura degli incompetenti sottosviluppati che hanno bisogno della tutela del mondo "civile" per sopravvivere, perché se si lasciano da soli distruggono il pianeta. Forse il presidente francese li vorrebbe commissariare.

Il secondo piccione è stato quello di mascherare il fallimento del G7 da lui organizzato. Non c'è stato accordo su niente: dazi, Cina, Brexit, Iran, Clima: niente. Il fallimento è stato così grave che hanno abolito il comunicato finale. L'opera di 13.000 agenti e 36 milioni di euro buttati al vento;

tutto inutile. E cosa c'è di meglio per nascondere un insuccesso, di una bella indignazione contro un populista? E una bella campagna in difesa dell'Amazzonia.

Il terzo piccione di Macron è stato quello di distogliere l'attenzione dalle sue mancanze proprio sul fronte green. Nelle ultime ore del G7, infatti, un folto gruppo di ecologisti francesi stava andando in giro per la Francia a staccare il ritratto del presidente dai municipi francesi. L'ultimo l'hanno tolto proprio a Barritz.

RIFERIMENTI

1. Dr. Nepstad, President and Founder of Earth Innovation Institute, has worked in the Brazilian Amazon for more than 30 years, publishing more than 160 papers and books on the ecological processes, frontier dynamics and public policies that are shaping the region. INTERVISTA FATTA DA FORBES: "I was curious to hear what one of the world's leading Amazon forest experts, Dan Nepstad, had to say about the "lungs" claim. "It's bullshit," he said. "There's no science behind that. The Amazon produces a lot of oxygen but it uses the same amount of oxygen through respiration so it's a wash." Plants use respiration to convert nutrients from the soil into energy. They use photosynthesis to convert light into chemical energy, which can later be used in respiration "https://earthinnovation.org/about/staff/daniel-nepstad/

2. https://twitter.com/lcoutinho?lang=en

3. https://science.sciencemag.org/content/344/6188/1118

4. https://aliancadaterra.org

5. https://dotearth.blogs.nytimes.com/2008/07/29/climate-research-media-focus-whiplash/ "Schiocco di frusta" è la traduzione letterale del termine giornalistico anglosassone "whiplash". Lo si può assimilare alla sferzata della frusta del cocchiere, in aria; che fa rumore, prende l'attenzione del cavallo, ma è innocua. In termini giornalistici è la capacità dei media di gonfiare una notizia oltre la realtà, ai fini di destare attenzione. In tempi di forte declino dei media tradizionali questa terminologia è sicuramente bene intesa da tutti. Il fatto che sia un termine prettamente anglosassone dà il legittimo sospetto che, anche lì, la stampa, in fondo in fondo, non sia molto obbiettiva.

6. https://www.theatlantic.com/science/archive/2019/08/amazon-fire-earth-has-plenty-oxygen/596923/

2. TECHLASH: I SOCIAL MEDIA SONO ORIENTATI A SINISTRA ?

> *Gli "Oxford Dictionaries" eleggono ogni anno un certo numero di "parole dell'anno"(1). Queste parole diventano, di fatto, neologismi della lingua inglese; ma, mentre per la nostra Accademia della Crusca alcune parole vengono accettate come neologismi "quando si diffondono ed entrano negli usi della lingua per un tempo significativo", per entrare nella lista dell'Oxford Dictionaries ci vuole qualcosa di diverso. La parola deve aver suscitato scalpore a seguito della sua pubblicazione. Il dizionario pubblica anche una motivazione della nomina delle varie parole individuate, ed elenca gli "inventori".*

Avete mai sentito il termine "techlash"? C'è un motivo per cui questa parola è entrata nella shortlist della Parola dell'Anno di Oxford Dictionaries nel 2018.

La menzione si riferiva ad essa come a una "parola che definisce una forte e diffusa reazione negativa al crescente potere e influenza delle grandi aziende tecnologiche; in particolare quelle con sede nella Silicon Valley e in gran parte deve la sua popolarità ai recenti scandali sulla privacy dei dati e alla copertura mediatica che li circonda."

Ma le nuove parole, converrete con me, sono un segno dei tempi; e le preoccupazioni di coloro che criticano, nel merito, aziende come Facebook, Twitter e Google, derivano dalla crescente consapevolezza che l'effetto delle Big Tech sulla nostra vita potrebbe non essere così innocuo come pensavamo una volta. Gli americani sono consapevoli di ciò; e ne sono diventati maniacali.

Facebook, in particolare, il sito di social media che conta un quarto della popolazione mondiale come base di utenti, è stato accusato (5) di usare la manipolazione politica per indurre i suoi utenti a favorire un candidato politico piuttosto che un altro. In particolare di essere, negli USA, prevenuto contro i conservatori. Che Facebook manipolasse i nostri dati, in realtà, lo sapevamo già; ma che addirittura manipolasse le informazioni che ci raggiungono, con filtri e censure, potrebbe essere per molti una novità. In particolare potrebbe essere una novità pensare che i social media, o alcuni di essi sono chiaramente orientati a favorire partiti politici.

Vediamo qualche dettaglio.

Gli americani sono diventati talmente sensibili a questo fatto, che hanno iniziato a fare sondaggi per capirne di più. In un sondaggio denominato "American Barometer Hill.TV" (4) del luglio 2018, è stato rilevato che il 58% degli elettori ritiene che i social media, Facebook in particolare, siano ingiusti nei confronti dei conservatori.

Personaggi noti e attivisti politici repubblicani hanno, infatti, per mesi, accusato Facebook e le cosiddette "grandi aziende tecnologiche" per la tendenza a favorire i "liberal"; in effetti un certo numero di commentatori di alto profilo di destra sono stati banditi dai siti di social media. Nei confronti dei "liberal", invece, queste misure non sono state mai adottate; anche in presenza di post violenti ed altamente offensivi.

Gli alti dirigenti di queste aziende tecnologiche però hanno fortemente negato che esse discriminino deliberatamente i conservatori; ma privatamente molti di questi dirigenti hanno espresso preoccupazione per il fatto di dover ammettere che, nonostante gli sforzi per eliminare notizie false e messaggi diffamatori, i "social" danneggino quasi sempre le opinioni espresse da conservatori.

Come dicevo gli americani sono molto preoccupati di questo fatto e, in risposta a questa presunta censura di sinistra, diversi imprenditori hanno avviato alcuni social media definiti "politically unbiased". A questo link un esempio (2). Finora, tuttavia, non sono riusciti, come c'era da aspettarsi, a sviluppare un vasto pubblico.

Un altro sondaggio nazionale condotto negli USA, nel luglio 2019, dalla Echelon Insights (3) ha rilevato che la maggior parte degli americani ritiene che le principali aziende tecnologiche siano di parte.

Echelon Insights ha condotto questo sondaggio su oltre 1000 elettori casuali negli Stati Uniti per scoprire le loro opinioni su alcune questioni ritenute urgenti come la censura che si riscontra nei social media e la regolamentazione degli algoritmi degli stessi per evitarla.

Il sondaggio è stato effettuato anche in relazione alla proposta del senatore Josh Hawley di "regolare gli algoritmi dei social media per evitare i pregiudizi politici" ed è stata favorita dagli elettori sia repubblicani che democratici.

La domanda di base è stata: "Di recente si è discusso dell'idea che siti Web come Facebook, YouTube o Twitter siano politicamente di parte, e stiano sopprimendo le opinioni con cui non sono d'accordo. Consideri questo un problema?"

Anche qui il 59% degli elettori ha ritenuto che esista un pregiudizio nei social media e che si tratti di un problema. Tra tutti i voti espressi, il 68% dei repubblicani, il 61% degli indipendenti e il 53% dei democratici ha ritenuto che il pregiudizio dei social media fosse un serio problema.

Una semplice panoramica delle risposte a domande circa la censura dei social media, ha poi rivelato che gli elettori che hanno condiviso contenuti politici sono stati quelli che hanno trovato la censura più sensibile rispetto ad altri che condividevano post di carattere generale.

Inutile dire che questi studi hanno rafforzato quindi l' idea dell'esistenza, sempre più crescente, di censura e parzialità da parte dei social media.

Esattamente come nei media tradizionali.

E in Italia?

Alcuni fatti, come la chiusura dei profili Facebook di Casa Pound, e la non-chiusura del profilo del caporedattore RAI Radio1, Fabrizio Salini, su cui pur l'azienda di Viale Mazzini ha avviato un procedimento a causa delle sue parole di odio politico (ADN Kronos), potrebbero farci pensare che anche in Italia si stia avviando un "ostracismo-social" contro la destra.

Non ho abbastanza elementi per giudicare. Faccio però un'osservazione: al paragrafo…evidenzio come anche in Italia, come negli USA, (e in Francia, e in UK) ci sia una certa tendenza dei media tradizionali a "tendere" verso sinistra. Ma dicevo anche che ormai ci siamo abituati e, magari, ci informiamo su altri media.

Il discorso dei social però è diverso:

Essi sono praticamente un monopolio e, se fossero veramente politicizzati, sarebbe un vero guaio per la democrazia.

Mentre i giornali (sicuramente quelli italiani) sono a carattere nazionale, i "social" sono internazionali, con una conduzione piuttosto verticistica, dagli USA. Quello che intendo dire è che, mentre i social media potrebbero prendere, negli USA, decisioni di censura verso le pubblicazioni di post locali (nell'ipotesi che ci sia veramente censura) a seguito di informazioni disponibili in-loco; quelle che volessero prendere in Italia, mi chiedo, con che mezzo le otterrebbero per farsi un'idea su cosa censurare ? Leggendo i nostri giornali ? O usando ingenuamente le chiavi di ricerca ? Siricorderà che il sig. Caio Giulio Cesare Mussolini, candidato di Fratelli d'Italia, ebbe il suo profilo temporaneamente oscurato (6).

RIFERIMENTI

1. https://languages.oup.com/word-of-the-year/shortlist-2018
2. https://www.idka.com/imagine-a-social-media-platform-with-no-political-bias/
3. https://reclaimthenet.org/social-media-bias-political-survey/
4. https://thehill.com/hilltv/what-americas-thinking/421238-poll-majority-of-americans-think-social-media-companies-are
5. https://time.com/5197255/facebook-cambridge-analytica-donald-trump-ads-data/
6. https://www.repubblica.it/politica/2019/04/08/news/ca

io_giulio_cesare_mussolini_fdi_facebook_oscura_profilo-223545022/

3. DISTURBI DEI MEDIA: LA PRESUNTA PROSSIMITÀ IDEOLOGICA DEI CITTADINI E DEI GIORNALITSTI

> *Luigi Curini, professore associato di Scienza politica all'Università Statale di Milano, e Sergio Splendore, ricercatore nello stesso ateneo, in uno studio dal titolo "The ideological proximity between citizens and journalists and its consequences"(8), hanno mostrato con i dati quanto sia profondo il solco ideologico tra media e persone comuni, tra i concetti veicolati dai giornalisti e le convinzioni delle persone, e quanto questo divario sia all'origine della sfiducia dei cittadini nei confronti della stampa. Detto in parole povere, in Italia i giornalisti sono troppo di sinistra ed è anche per questo che, secondo i sondaggi effettuati da Eurobarometro, la credibilità dei giornali italiani è più bassa della già bassa media europea.*

I due politologi hanno messo in relazione i dati sulle preferenze ideologiche dei giornalisti, ricavati da una specifica ricerca demoscopica, con quelli dei cittadini ricavati dall'Eurobarometro, sfruttando il fatto che in entrambi i sondaggi viene posta la stessa domanda sulla collocazione ideologica lungo un asse che va da sinistra a destra. Il risultato è che "la distribuzione ideologica dei giornalisti italiani appare marcatamente posizionata più a sinistra rispetto a quella degli italiani", hanno scritto gli autori sul sito Lavoce.info.

La logica conseguenza è che, maggiore è la distanza politica tra cittadini e giornalisti, e maggiore è la sfiducia nei confronti della stampa. Inizierò col considerare la situazione negli USA.

La situazione negli USA è da manuale. Se chiedi a un giornalista americano se è schierato a destra o sinistra probabilmente ti dirà che cerca di "stare nel mezzo". Che si sforza di essere "giusto", oppure "centrista".

Ma questo, alla luce di alcuni studi, sembra non essere vero. E il profondo pregiudizio ideologico verso sinistra dei Big Media degli USA è il motivo principale per cui, secondo alcuni, l'America ora sembra satura di "notizie false". Ma, peggio, sembra addirittura che i giornalisti, assillati dalla propria ideologia, non siano più in grado di riconoscere il proprio pregiudizio. Che però è riconosciuto dai lettori.

In questo scritto desidero sottolineare anche un fatto che, a mio parere, dovrebbe essere ancor più sorprendente: LA STAMPA FINANZIARIA (USA) E' DI SINISTRA. E dico che ritengo questo fatto ancor più sorprendente perché, nell'immaginario collettivo storico, la finanza andava a braccetto col capitalismo; e pertanto era sempre stata di destra. Fino a pochi anni fa i giornalisti finanziari mainstream avevano infatti la reputazione di essere i più inclini alla destra e orientati al libero mercato.

Se questo sia mai stato vero in passato, sicuramente non lo è oggi, come suggeriscono recenti studi.

I ricercatori della Arizona State University e della Texas A&M University, a fine 2018, hanno interrogato 462 giornalisti finanziari in tutto il paese; e hanno eseguito poi 18 interviste aggiuntive di approfondimento (1). I giornalisti intervistati lavorano per il Wall Street Journal, il New York Times, il Washington Post, l'Associated Press e numerosi altri giornali.

"CONSERVATORI" NEI MEDIA: IN VIA DI ESTINZIONE

I risultati sono che il 58,47% ammette di essere a sinistra (liberal); il 4,4% a destra (conservative); mentre un altro 37,12% afferma di essere "moderato".

E dov'è quindi finito il mitico giornalista finanziario "conservatore"? Solo lo 0,46% dei giornalisti finanziari si è definito "molto conservatore", mentre solo il 3,94% ha dichiarato di essere "piuttosto conservatore". Per un totale, appunto, del 4,4%. C'è quindi il rapporto di 13 "liberal" per ogni "conservatore".

Sotto un certo punto di vista questo è un fatto singolare e preoccupante. Infatti siamo abituati al fatto che la stampa ordinaria, tutta, sia polarizzata politicamente in un senso o nell'altro e ormai non ce ne preoccupiamo molto: molti sono in grado di discriminare usando una molteplicità di media, Internet compreso, e usando la propria testa. Ma quando si tratta di stampa finanziaria il discorso è diverso; perché tratta di economia e di investimenti, che sono temi altamente tecnici e non alla portata di tutti; anche delle persone più colte, che si affidano loro stesse, quasi sempre, a consulenti.

Questo è un enorme problema per i media - forse più grande di quanto se ne rendano conto. Un sondaggio di Rasmussen Reports alla fine di ottobre 2018 (2) ha rilevato che il 45% di tutti i probabili elettori alle elezioni di medio termine credeva "che quando la maggior parte dei giornalisti scrive di una "corsa" al Congresso, stanno cercando di aiutare il candidato democratico".

Solo l'11% ha affermato che i media avrebbero cercato di

aiutare il repubblicano. E solo il 35% ha dichiarato di ritenere che i giornalisti semplicemente cerchino di riferire le notizie in modo imparziale.

Rasmussen osserva che questo "aiuta a spiegare perché gli elettori democratici siano molto più grandi fan della copertura mediatica delle notizie elettorali rispetto ad altri". La considerano infatti favorevole al loro successo.

MA GLI ELETTORI NON SONO STUPIDI

Ciò non impedirebbe però alle persone di vedere la realtà. Un sondaggio post-elettorale su 1.000 elettori di McLaughlin & Associates (3), infatti, ha rilevato che "una forte pluralità (48%) degli intervistati ritiene che la copertura mediatica sia stata ingiusta e distorta" contro il presidente Trump. Persino il 16% dei democratici era d'accordo con questa affermazione.

Si pensava, dicono gli americani, che era assodato ed accettato, da tempo, che giornalisti e scrittori di "area culturale" condividessero tutti una comune inclinazione intellettuale e quindi avessero maggiori probabilità di essere inclini a sinistra rispetto ad altri giornalisti. Ma questi recenti studi dimostrano che non è vero. La contaminazione del pregiudizio politico ora influenza tutto il giornalismo.

Ma l'orientamento dei media USA non sempre è stato così.

Non è stato sempre così. Uno studio a lungo termine sulle tendenze e gli atteggiamenti dei giornalisti, "The American Journalist in the Digital Age" (4), mostra che la tendenza al liberalismo è andata avanti per anni nel giornalismo. Nel 1971, i repubblicani costituivano il 25,7% di tutti i giornalisti. I democratici erano il 35,5% e gli indipendenti il 32,5%. Circa il

6,3% delle risposte era "altro".

Entro il 2014, l'anno dell'ultimo sondaggio, la percentuale di giornalisti che si identificava come repubblicano si era ridotta al 7,1%, con un calo di 18,6 punti percentuali. Dall'aumentare della parità con i giornalisti repubblicani negli anni '70, oggi i democratici superano i repubblicani di quattro a uno.

Nel frattempo la percentuale di giornalisti che si definiscono "indipendenti" è salita al 50,2%. Nel caso in cui, però, si pensi che il segmento crescente di Indipendenti si qualifichi come "il centro", bisogna forse ripensarci. Indagini ripetute mostrano che gli indipendenti sono generalmente orientati a centrosinistra nelle questioni sociali, ma centristi quando trattano di questioni fiscali e di governance aziendale. Quindi si dovrebbero forse caratterizzare come di "sinistra moderata".

Il lettore se ne sta andando via?

Sembra che ci siano cattive notizie per i giornalisti in generale e cattive notizie per il giornalismo USA in particolare. Perché, mentre gli americani continuano il loro percorso di crescente sfiducia nei media tradizionali, iniziano a cercare alternative. Troveranno forse nuove e più affidabili fonti di notizie? Forse; non lo sappiamo ancora. Ma è tempo che il mainstream giornalistico affronti questo problema. La negazione compiaciuta non è più un'opzione.

E l'Italia?

Ho desiderato, in questo scritto, parlare degli USA perché ivi il numero dei media è molto elevato, e ragionare sui grandi numeri può aiutare a decodificare certi aspetti dei media italiani. Non approfondirò molto, quindi, qui, il tema italiano, lasciando al lettore alcuni link (5)(6) e anche il (7), dove vengono sottolineati alcuni aspetti culturali dei lettori e di declino della stampa in Italia.

Mi piace però ragionare un attimo sull'eventuale orientamento politico della stampa finanziaria italiana. Sappiamo tutti dei bombardamenti giornalieri che hanno coinvolto, nei mesi e negli anni passati, il discorso sul deficit italiano, sullo spread, sulle procedure di infrazione, eccetera. E sappiamo anche che il mondo finanziario (quello degli investimenti istituzionali) non viaggia solo sui fondamentali economici, ma molto sul "sentiment" influenzato anche dai media. Ebbene, per ben due volte, nella storia recente, con la bolla internet e con la crisi dei subprime, il "sentiment" finanziario (non basato su fondamentali) ha causato disastri economici; innescando una grande recessione (da molti considerata la peggior crisi economica dai tempi della grande depressione). E i media finanziari hanno ovviamente una grossa responsabilità della generazione di questo "sentiment"; ad esempio con le loro previsioni. Se i "sentiment finanziari" fossero pilotati da ideologie politiche (o meglio: "partitiche") potrebbero alterare non solo il corso dell'economia, ma, assieme ad esso, anche la nostra vita sociale.

In sintesi, per l'Italia, le deduzioni tratte dai ricercatori che cito all'inizio del paragrafo sono (9) che "la distribuzione ideologica dei giornalisti italiani appare marcatamente posizionata più a sinistra rispetto a quella degli italiani".

La logica conseguenza è che, maggiore è la distanza politica tra cittadini e giornalisti e maggiore è la sfiducia nei confronti della stampa e ciò vuol dire che chi legge i giornali ha una posizione ideologica più simile a quella dei giornalisti, "il che potrebbe condurre a un circolo che si auto-riproduce e si auto-rinforza: ovvero lo iato ideologico con gli italiani non risulta alla fin fine davvero rilevante per il mondo editoriale, perché dopotutto chi legge i giornali ha la stessa visione del mondo che ha chi ci scrive, e così via". Salvo svegliarsi un giorno meravigliati e sorpresi del fatto che gli elettori fanno il contrario di ciò che scrivono i giornalisti; e che comunque i lettori sono la metà di quelli che potrebbero essere. Tra l'altro il dato italiano è ancora più paradossale perché i giornalisti non sono solo ideologicamente schierati più a sinistra della popolazione in generale, ma sono molto più a sinistra anche rispetto ai propri lettori.

RIFERIMENTI

1. https://www.dailywire.com/news/38302/462-financial-journalists-were-asked-their-ashe-schow
2. http://www.rasmussenreports.com/public_content/politics/general_politics/october_2018/voters_think_reporters_trying_to_help_democrats_in_midterm_elections
3. https://mclaughlinonline.com/2019/08/13/newsmax-article-majority-says-trump-still-needed-to-bring-change-but-media-bias-persists/
4. http://archive.news.indiana.edu/releases/iu/2014/05/2013-american-journalist-key-findings.pdf
5. https://www.ilfoglio.it/cultura/2016/11/09/news/la-stampa-e-molto-piu-a-sinistra-dei-cittadini-in-usa-come-in-italia-106462/
6. https://books.google.it/books?id=ay_OYSC1X2EC&pg=PA234&lpg=PA234&dq=%E2%80%9CThe+ideological+proximity+between+citizens+and+journalists

+and+its+consequences%E2%80%9D&source=bl&ots=YeZa7psbxC&sig=ACfU3U0aFHqKLUrxDGM9fmpRModKwWbr-A&hl=it&sa=X&ved=2ahUKEwjW_ZHnrMPkAhUNGuwKHSTVB6cQ6AEwAnoECAgQAQ#v=onepage&q=%E2%80%9CThe%20ideological%20proximity%20between%20citizens%20and%20journalists%20and%20its%20consequences%E2%80%9D&f=false
7. http://www.atlanticoquotidiano.it/quotidiano/crisi-credibilita-stampa-mainstream-categorie-ideologiche-giornalista-collettivo/
8. https://www.researchgate.net/publication/283098790_Why_Policy_Representation_Matters_The_consequences_of_ideological_proximity_between_citizens_and_their_governments
9. http://www.simofin.com/simofin/index.php/cultura/11787-smpa-universita-sinistra

4. I DOCENTI UNIVERSITARI SONO QUASI TUTTI DI SINISTRA?

I docenti, come tutti i cittadini, hanno diritto di avere opinioni politiche; il problema, però, negli USA (e in altri paesi), pare nascere quando queste opinioni vengono "spinte" verso gli studenti. Ma soprattutto se queste opinioni tendono tutte, o per la maggior parte, verso un solo partito. In parole povere: la scarsità di docenti con opinioni repubblicane, in molte scuole superiori USA, fa male a tutti, secondo gli americani.

Supponi di iniziare l'università, negli USA, con un vivo interesse per la fisica e di scoprire rapidamente che quasi tutti i docenti del dipartimento sono di sinistra; ad esempio democratici. Pensi che qualcosa non vada?

E supponi anche, che prima di scegliere fisica, tu ti sia informato sui docenti di musica, chimica, informatica, antropologia o sociologia delle varie università, e abbia riscontrato lo stesso fenomeno. Saresti sorpreso?

Ecco, negli USA accade proprio questo; ma, mentre in altre nazioni che riscontrano lo stesso fenomeno, ci se ne cura poco; negli ultimi anni, invece è cresciuta la preoccupazione degli americani: essi vedono in questo atteggiamento educativo un pericoloso generatore di pregiudizio politico, e quindi sociale. E il rischio di non-progresso.

Nell'estate 2018, Mitchell Langbert, professore associato al Brooklyn College, ha pubblicato uno studio (1) sulle affiliazioni politiche dei membri delle varie facoltà in 51 delle 66 scuole classificate come quelle "più alte" da US News nel

2017. I risultati sono sbalorditivi. (anche se non generano grande sorpresa per molte persone nel mondo accademico USA e non-USA).

I democratici dominano la maggior parte dei campi. In religione, l'indagine di Langbert ha rilevato che il rapporto Democratici / Repubblicani è 70 a 1. In musica, è 33 a 1. In biologia, è 21 a 1. In filosofia, storia e psicologia, è 17 a 1. In scienze politiche, sono 8 a 1.

Il divario si riduce nelle scienze e nell'ingegneria. In fisica, economia e matematica, il rapporto è di circa 6 a 1. In chimica, è di 5 a 1, e in ingegneria è solo di 1,6 a 1. Tuttavia, Lambert non ha trovato campo in cui i repubblicani siano più numerosi dei democratici.

I rapporti variano notevolmente tra i college. Le facoltà di Wellesley, Williams e Swarthmore sono in gran parte democratiche, con rapporti pari o superiori a 120 a 1. Ad Harvey Mudd e Lafayette, i rapporti sono da 6 a 1. Alla US Naval Academy di Annapolis, sono 2,3 a 1; è solo 1,3 a 1 a West Point.

Ma nonostante la variabilità, nessuna delle 51 università aveva più repubblicani che democratici. Secondo il sondaggio, oltre un terzo di loro non aveva affatto repubblicani.

Questi numeri, e altri similari, sono preoccupanti per gli americani per due ragioni:

La prima è che questi dati possono implicare una potenziale discriminazione da parte dei vertici delle istituzioni educative. Alcuni dipartimenti potrebbero, infatti, non essere inclini ad assumere potenziali membri della facoltà a causa delle loro convinzioni politiche (e come sappiamo non è legale discriminare le assunzioni su base politica).

Tale discriminazione potrebbe assumere la forma di svalutazione, conscia o inconscia, di persone le cui opinioni non si adattano alla prospettiva dominante. Ad esempio, un giovane studioso di storia, che dipingesse il New Deal di Franklin Roosevelt sotto una brutta luce potrebbe non ricevere offerte di lavoro in facoltà. E le persone di talento potrebbero quindi non perseguire affatto carriere accademiche, perché si aspettano che i loro professori non apprezzino il loro lavoro.

Il secondo motivo è che gli studenti hanno meno probabilità di ottenere una buona istruzione perché imparano meno l'uno dall'altro, se c'è un'ortodossia politica prevalente. Studenti e docenti potrebbero finire in una specie di bozzolo informativo. Se un dipartimento di scienze politiche è composto da 24 democratici e 2 repubblicani, c'è motivo di dubitare che gli studenti saranno esposti a una gamma adeguata di opinioni.

È vero che in alcuni settori le affiliazioni o orientamenti politici pare contino meno. In chimica, matematica, fisica e ingegneria, gli studenti si ritiene che non debbano preoccuparsi delle affiliazioni di partito dei loro professori. Certo, è ipotizzabile che i professori di chimica democratici vogliano assumere colleghi democratici. Ma sarebbe un po' sorprendente: con ogni probabilità cercano buoni professori che sappiano insegnare bene la chimica. In altre parole: in campi di questo tipo, appare che non vi sia motivo di preoccuparsi che l'omogeneità politica possa dissuadere gli studenti o compromettere lo scambio di idee. Se gli studenti stanno imparando la relatività ristretta o la fisica nucleare, le affiliazioni politiche non appaiono essere rilevanti.

I veri problemi sorgono quindi in materie "culturali", come storia, scienze politiche, legge, filosofia e psicologia, dove la prospettiva politica del professore potrebbe fare la differenza. E se la presenza di accademici è distorta lungo linee ideologiche unitarie, c'è il pericolo che possano trasmettere tale distorsione (se distorsione c'è) ai loro discepoli. Il convincimento di questi docenti, potrebbe essere che coloro che hanno idee politiche conservatrici non sono destinati a servire bene nessuno.

I dati evidenziati rendono, quindi, inconfondibilmente chiari due punti che, a parere del ricercatore, dovrebbero essere perseguiti.

In primo luogo, coloro che insegnano nei dipartimenti privi di diversità ideologica dovrebbero avere comunque l'obbligo di offrire opinioni contrastanti alle loro, e di presentarle in modo equo e rispettoso. Un filosofo politico, ad esempio, che tende a sinistra, dovrebbe essere disposto e in grado di chiedere agli studenti di pensare alla forza dell'argomento dei mercati liberi, anche se questi producono molta disuguaglianza.

In secondo luogo, coloro che gestiscono dipartimenti privi di diversità ideologica hanno l'obbligo di trovare persone che rappresentino punti di vista in competizione: oratori in visita, professori in visita e nuovi assunti. Studenti e insegnanti non dovrebbero vivere in "bozzoli informativi" (sic!).

John Stuart Mill (3) ha affermato: "È impossibile sopravvalutare il valore di mettere in contatto gli esseri umani con persone dissimili da loro e con modalità di pensiero e di azione diverse da quelle con cui hanno familiarità. Tale comunicazione è sempre stata, ed è, particolarmente nell'era attuale, una delle principali fonti di progresso. "

E IN ITALIA ?

Se si naviga in rete ci accorgiamo che il problema c'è anche da noi: si va dal professore di Verona che dice allo studente di destra, minacciando: "ci rivedremo all'esame..."; a quello di Fiorenzuola che dice le stesse cose, ma dallo schieramento opposto; alle denunce di discriminazioni nell'assunzione di docenti; ai vari tentativi di capire "perché gli insegnanti sono tutti di sinistra"; e così via. Ma non c'è alcun tentativo, mi pare, di evidenziare dati, problematiche e soluzioni.

C'è però un articolo di Repubblica.it (2) del 2010, dal titolo accattivante: "Perché la maggioranza dei docenti universitari (e dei giornalisti) è di sinistra". Il lettore ingenuo può pensare che si parli dell'Italia; ma non parla dell'Italia: parla solo degli USA, citando un altro studio statistico; ma riferendo una interessante osservazione secondo cui ci si dovrebbe chiedere "perché quelli di sinistra vogliono tutti fare gli insegnanti".

La risposta al quesito è sconcertante: " tutto dipende dal typecasting, ovvero dall'idea che si forma nella nostra mente, sulla base delle convenzioni e degli stereotipi sociali, di chi fa una certa professione. L'immagine di un docente universitario, specie in campo umanistico, richiama alla mente quanto segue: giacca di tweed, pipa, occhiali, erudizione, secolarismo e idee politiche progressiste, ossia liberal, come si dice in America. E questa immagine influenza i giovani al momento di scegliere che carriera fare".

Pochi mesi fa Curini ha pubblicato una ricerca simile sulle idee politiche dei docenti universitari, dal titolo "Experts' political preferences and their impact on ideological bias". Anche in quel caso i dati dicevano che la stragrande maggioranza degli studiosi intervistati è di sinistra.

E se questa è una caratteristica comune nelle democrazie occidentali, cioè che l'élite accademica tenda ad essere progressista, la peculiarità dei professori italiani, secondo il ricercatore, è che nel mondo sono quelli più a sinistra di tutti.

RIFERIMENTI

1. https://www.nas.org/academic-questions/31/2/homogenous_the_political_affiliations_of_elite_liberal_arts_college_faculty
2. http://franceschini.blogautore.repubblica.it/2010/03/07/perche-la-maggioranza-dei-docenti-universitari-e-dei-giornalisti-sono-di-sinistra/
3. The English philosopher and economist John Stuart Mill (1806-1873) was the most influential British thinker of the 19th century. He is known for his writings on logic and scientific methodology and his voluminous essays on social and political life.

CAPITOLO VI

LA POLITICA CONTINUERA' A INFLUENZARE LA SCIENZA?

MOLTE DELLE QUESTIONI SCIENTIFICHE PIÙ IMPORTANTI SONO POLITICHE. GLI STESSI SCIENZIATI RITENGONO CHE LA "CONSULENZA SCIENTIFICA" DOVREBBE ESSERE LA CHIAVE PER UNA BUONA POLITICA PUBBLICA. SPERANO INFATTI CHE I RISULTATI DELLE LORO RICERCHE CONVINCANO COLORO I QUALI SONO RESPONSABILI DELLE DECISIONI.

Da tener presente che un sistema democratico crea una moltitudine di fonti di influenza e di informazione politica. La consulenza scientifica è solo una parte dell'agenda politica. Ad esempio, il dibattito sulla ricerca sulle cellule staminali coinvolge considerazioni etiche oltre che scientifiche, secondo molti. Parlamento e Governo, inoltre, lavorano in ruoli diversi da quello scientifico e non possono confondersi. L'attenzione, però, devge essere posta nel pretendere che i dibattiti tra Scienza e Politica siano tenuti per il bene del paese e dei cittadini e non rivestano fini "partitici".

Come vedremo nel prossimo capitolo, il futuro sarà sempre più complesso, sia per la Scienza, che per la Politica. Ci sono infatti altri dibattiti all'orizzonte che potrebbero segnare i prossimi 20 anni di relazione scienza-politica, poiché le scoperte scientifiche forniscono progressi nella nanotecnologia, nella genetica, nei sensori, nell'Intelligenza Artificiale, nei Big Data , nella robotica, nella sorveglianza e in altre aree della vita che solleveranno implicazioni sociali ed etiche e, di conseguenza, questioni politiche.

I responsabili politici continueranno quindi a risolvere le rivendicazioni e le esigenze politiche concorrenti oltre a dibattere sulle prove scientifiche per fare e attuare la politica pubblica. E dovranno farlo ascoltando tutte le opinioni scientifiche, non solo quelle sponsorizzate per questioni ideologiche.

Il possibile dilemma è se sia inevitabile che l'intrusione politica possa crescere e disturbare la scienza. La risposta è che "è inevitabile"; e non solo per il semplice fatto che la disponibilità di risorse per la ricerca sia fondamentale per la Scienza; ma perché la Scienza sarà sempre più complessa e perché sempre più complesse saranno le nostre regole sociali. La nostra Cultura si deve evolvere di conseguenza; la legge dell'Entropia può aiutarci forse a capire le sempre maggiori confusioni che si genereranno.

1. RIPENSARE IL RAPPORTO TRA POLITICA E SCIENZA E TRA CULTURA E TECNOLOGIA

> *L'epoca che viviamo non è la prima, nella storia del mondo, in cui ci sono grandi gruppi di persone che attaccano i singoli scienziati a causa delle loro opinioni scientifiche.*

Il coinvolgimento degli scienziati in questioni così cariche di dibattiti, a volte, ha portato a un migliore processo decisionale; ma oggi potrebbe anche essere costato agli scienziati parte del sostegno bipartisan di cui godevano.

Pur riconoscendo che pochi responsabili politici hanno una profonda esperienza scientifica, non è necessario essere uno scienziato professionista per comprendere i rudimenti della scienza. E quindi, anche per questo motivo, è accettabile (anzi, auspicabile) che i politici si coinvolgano in temi scientifici; con il sussidio di coloro che di scienza ne capicono di più.

L'obbiettivo dei politici dovrebbe essere infatti anche quello di equipaggiare e responsabilizzare i non scienziati per affrontare le questioni scientifiche; per comprendere i vantaggi di questo modo di pensare empirico, e per sviluppare un rispetto per le prove e la capacità di gestire le prove da soli.

Il dibattito scienza-politica è oggi cambiato poiché i responsabili politici sono diventati meno isolati dall'opinione pubblica. La scienza è un modo di vedere che ci fornisce fatti. Quello che facciamo con questi fatti è però profondamente politico. Determinare se l'inquinamento danneggia le persone è una questione di indagine scientifica, ma decidere cosa fare in risposta a quei dati è politica. Chi usa l'acqua e la terra e come? Queste non sono domande scientifiche, sono questioni politiche. Diamo valore alla sicurezza dei nostri cittadini o ai profitti delle nostre società? Qual è l'equilibrio tra queste due cose? Anche queste sono questioni politiche.

COME SI PUÒ CONCILIARLE? PROBABILMNTE RIVEDENDO IL RAPPORTO TRA CULTURA E TECNOLOGIA.

IL PROGRESSO TECNICO E' PROGRESSO UMANO?

Il paradigma oggi prevalente sembra riguardare il progresso tecnico, non il progresso umano; e i due non sono necessariamente sinonimi.

Tutti i tipi di *gadget* a nostra disposizione vengono inventati e utilizzati per soddisfare esigenze individuali. Ma l'assunto di base è errato: ci avviciniamo a presumere, spesso ed erroneamente, che una visione del mondo tecnologicamente fluente, possa spiegare tutte le distinte sfumature culturali e individuali; e rappresentarle in modo accurato e significativo; forse persino sostituirle.

Affinché la tecnologia funga da utile supporto alle interazioni umane, all'espressione artistica e all'arricchimento culturale, dobbiamo forse tornare al tavolo da disegno: ripensare e progettare strumenti innovativi; ma secondo principi sociali. Infatti, la mia impressione è che, invece di esigere che le nostre menti creative producano tecnologia incentrata sull'uomo, abbiamo accettato di diventare umani incentrati sulla tecnologia.

È giunto forse il momento per menti politiche coraggiose e liberi pensatori, di studiare, interrogare, sfidare e ridefinire rigorosamente i progressi in termini più sociali e culturali. Il futuro della civiltà dipende anche da questo; e sarà sempre più complesso, come vedremo nel prossimo paragrafo.

RIFERIMENTI

1. https://www.pinterest.it/muhammadannan/calligraphy-nastaliq/
2. https://www.theglobeandmail.com/life/humanity-takes-millions-of-photos-every-day-why-are-most-so-forgettable/article12754086/
3. https://harvardmagazine.com/2013/11/the-power-of-patience#article-images
4. https://www.theglobeandmail.com/authors/ian-brown/

2. ENTROPIA: IL PARADOSSO DELL'ORDINE CHE È CONTRO L'EVOLUZIONE.

C'è una soluzione a questi apparenti contrasti tra politica e scienza e tra gli scienziati stessi? Il futuro sarà migliore? Se sarà migliore non lo sappiamo, di sicuro sarà più confuso: la Scienza indirizzerà temi sempre più complessi e così dovrà fare la politica; e i possibili disaccordi aumenteranno.
Seguiranno, in fondo, le leggi dell'Entropia.

Dall'inizio del ventunesimo secolo, gli esperti di politica estera hanno previsto che i giorni degli Stati Uniti come egemone globale stiano volgendo al termine. Ma invece di chiedersi quale paese assumerà lo status di leader mondiale, dovrebbero chiedersi se il concetto di egemonia globale si applica ancora nella nostra era, e si applicherà in futuro.

Sembra sempre più che il mondo non avrà più un solo superpotere, o gruppo di superpoteri, che metta ordine nella politica internazionale. Al contrario, avrà una varietà di poteri - incluse nazioni, multinazionali, movimenti ideologici, criminalità globale e gruppi terroristici e gruppi per i diritti umani - che si sfideranno, per raggiungere i loro obiettivi.

In termini di geopolitica, siamo passati da un'era dell'ordine a un'era dell'entropia. Forse c'eravamo già e non ce ne siamo accorti.

L'entropia è un concetto scientifico che misura il disordine: maggiore è l'entropia, maggiore è il disordine. E il disordine è proprio ciò che caratterizzerà il futuro della politica internazionale. In questo mondo senza veri ed accettati leader, è molto più probabile che le minacce siano fredde piuttosto che calde; il pericolo arriverà meno frequentemente sotto forma di guerre, sparatorie tra grandi potenze per disaccordi diffusi su questioni geopolitiche, monetarie, commerciali e ambientali. I problemi e le crisi sorgeranno più frequentemente; ma più inaspettatamente; e, quando si verificheranno, saranno risolti in modo non necessariamente collaborativo.

Come siamo arrivati qui? La svolta è iniziata nel XX secolo, con l'avvento delle armi nucleari e la diffusione della globalizzazione economica, che insieme hanno reso impensabile la guerra tra le grandi potenze. Tuttavia, le guerre egemoniche - ora considerate obsolete - cancellarono anche i vecchi ordini, ripulendo la lavagna istituzionale in modo che una nuova architettura globale, più adatta ai tempi, potesse essere costruita da zero. In assenza di guerra, non abbiamo più una forza di "distruzione creativa" capace di resettare il mondo. Si dirà: "meno male"; e concordo, ma, proprio come i mari diventano sporchi senza il soffio dei venti, una pace prolungata consente l'inerzia e il decadimento. E' doloroso ammetterlo, ma molto probabilmente è così.

Anche le interazioni tra attori politici sono caratterizzate da una maggiore entropia. La rivoluzione digitale ha permesso alle informazioni di diffondersi più lontano che mai, dando potere di confusione a cittadini medi, celebrità, aziende, terroristi, movimenti religiosi e oscuri gruppi criminali transnazionali. Il potere che questi gruppi possono esercitare, tuttavia, non è convenzionale. Hanno il potere di interrompere, impedire che le cose accadano, ma hanno poco potere di mettere in atto i propri programmi. Twitter, Facebook e messaggi di testo hanno permesso ai cittadini di organizzare manifestazioni di massa e rovesciare governi dittatoriali. Ma ci sono poche ragioni per credere che i cittadini organizzati tramite i social media siano in grado di avviare cambiamenti politici.

Niente di tutto ciò, comunque, suggerisce quindi che vivremo in un mondo miserabile di infinita oscurità e rovina; che noi e le generazioni future siamo destinati a sopportare vite miserabili di perpetua infelicità. Sebbene non possiamo invertire il processo di sovraccarico di informazioni, possiamo capire il modo migliore per adattarci, seguire il flusso e forse anche imparare a trasformare i flussi di informazioni in conoscenza utile e affidabile. Creare ordine dal disordine è, dopo tutto, il compito più essenziale e onnipresente dell'umanità. Stiamo costantemente respingendo le forze naturali di dissipazione, caos e casualità; lottando contro la marea crescente di entropia che minaccia di travolgerci.

La chiave del successo in questo ambiente esterno, confuso e disordinato è imparare a gestire i cambiamenti discontinui modellati da forze esterne tecnologiche, e politiche. Esistono sicuramente molte strategie per ridurre la complessità e adattarsi in modo produttivo ad ambienti in rapida evoluzione (ad esempio, reti di innovazione decentralizzate e auto-organizzate); ma nessuna, tuttavia, garantisce il successo. Il perseguirle aumenta, comunque la nostra esperienza.

Ci sono anche buone notizie, anche se parziali: senza grandi guerre, abbiamo goduto di tempi prosperosi e pacifici. Né il disordine stesso è qualcosa da temere o odiare. "La lotta in sé", come notoriamente ha sottolineato Albert Camus, "è sufficiente per riempire il cuore di un uomo. Bisogna immaginare Sisifo felice. Come Sisifo, dobbiamo abbracciare l'inconoscibile, accettare il nostro mondo inintelligibile e la nostra inutile lotta, fare i conti con la sua incomprensibilità.

Nel bene e nel male, non abbiamo comunque altra scelta".

Il problema, però, è che, comunque in linea generale, questo "sistema" tende (più o meno irreversibilmente) al disordine. Quindi, in linea di principio, non potremo mai ottenere una soddisfazione e una "pace cognitiva".

Se fosse vero ciò, ed è vero secondo la scienza fisica, sicuramente per i fenomeni naturali, non potremo mai avere questo ordine. Anzi, ci sarà sempre più disordine. Non potremo mai avere una politica pienamento concorde con la Scienza, ed una Scienza sempre in grado di domostrare, chiaramente, le sue verità.

Si potrebbe arguire che ciò possa valere solo per i fenomeni fisici e i temi tecnologici; e potremmo cullarci pensando che (ad esempio) l'economia, la finanza, la politica, il sociale, non siano fenomeni fisici e possano aspirare a situazioni di ordine generale e di chiarezza cognitica.

Ma ciò è ovviamente non vero, perché (ad esempio) sono fenomeni naturali anche quelli atmosferici; e sappiamo benissimo che ci toccano, e che non vanno sicuramente, essi, verso un ordine controllabile.

Potremmo quindi chiederci se scienza, tcnologia, economia, politica, finanza, possano essere soggette alle leggi dell'entropia. E potremmo batterci per affermare che dobbiamo ottenere sempre maggior ordine in questi settori.

Ma sappiamo benissimo che ciò non sta avvenendo e difficilmente avverrà. Quindi, se dovessi essere pragmatico, e usare il metodo scientifico (sperimentale) per questi "sistemi" dovrei aspettarmi di dover studiare sistemi scientifici, tecnologici, economici, politici, finanziari, sempre più disordinati. Dove il disordine è la regola.

Volendo però approfondire meglio i concetti fisici dell'entropia riscontriamo che una miglior definizione di essi ci dice che l'entropia dei sistemi aumenta non per un'inquietante tendenza dell'universo verso il disordine, ma per una tendenza verso stati più probabili; dove "più probabili" significa ``a cui corrisponde un maggior numero di stati microscopici". Anzi analizzando ancor meglio l'entropia, scopriamo che, in realtà, essa ci insegna a mettere più energia dove è più opportuno. Dove ne vale la pena.

E, d'altra parte, non siamo noi stessi a dire che la nostra civiltà è sempre più complessa? Non facilmente riconducibile a modelli preconfezionati?

Ma siamo disposti ad accettare ciò?

No: da un punto di vista filosofico, possiamo dire che il nostro potere crescente sulla natura e sulle contingenze della vita sociale e individuale ci ha prima illusi di poter tenere tutto sotto controllo e poi delusi di fronte a un'incertezza e a una finitezza persistenti, che però, a differenza di ieri, non riusciamo più ad accettare.

Mai come oggi abbiamo parlato tanto di libertà e di rischi, e mai come oggi, a tutti i livelli, abbiamo tanto desiderato la sicurezza.

L'idea che prima o poi la nostra vita finirà e che l'entropia consumerà la stessa vita dell'universo ci è sempre più insopportabile.

C'è una speranza? Quasi sicuramente si: oggi molti ricercatori si trincerano dietro una solida argomentazione, quella secondo cui tutto ciò che esiste nel mondo è il frutto di una evoluzione dal semplice al complesso. Il che implica, per molti di loro, un affronto sistematico del particolare, una specializzazione sempre più sofisticata delle conoscenze.

Questo modo di orientarsi non è in sé sbagliato, ma rischia di diventarlo ogniqualvolta si perda il senso dell'insieme, la globalità del reale, che per forza di cose va colto nella sua essenzialità. La speranza, quindi, è di essere capaci non solo di frazionare e studiare i particolari, ma di ricomporli in un insieme unico; stando attenti a tutte le variabili, come un giocatore di scacchi.

Tenendo però presente ciò che diceva Isaac Asimov: "Nella vita, a differenza che negli scacchi, il gioco continua anche dopo lo scaccomatto".

www.ingramcontent.com/pod-product-compliance
Lightning Source LLC
Chambersburg PA
CBHW070627220526
45466CB00001B/117